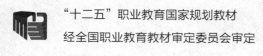

"十二五"职业教育国家规划教材
经全国职业教育教材审定委员会审定

软件技术专业精品教材

DONGTAI WANGYE SHEJI（ASP.NET）

动态网页设计（ASP.NET）

（第2版）

李军 主编

高等教育出版社·北京

内容简介

本书是"十二五"职业教育国家规划教材。

本书主要涉及 ASP.NET 技术的应用。该技术是 Web 应用开发的主流技术和实用技术,它为创建动态的、交互式的 Web 应用程序提供了一种功能强大的解决方案。ASP.NET 具有安全性高、网络功能强大、开发复杂度低、易于部署和维护等特点,对 Windows 操作系统具有原生的良好支持,可开发独立、安全、稳定、动态、高性能的应用系统。

本书将基于 ASP.NET 技术的动态网站开发的整个过程所需的各种专业知识和技能,融合在一个完整的项目案例"计算机系网站"中,使学生通过完整项目案例的学习,能够熟练掌握从网站需求分析、整体规划、详细设计、代码编写、网站发布与测试、服务器环境配置与安全设置等环节的开发流程,掌握网站从开发到交付运行的每一个过程。全书共分 8 个单元,主要内容包括 ASP.NET 简介及环境搭建、网站项目总体设计及数据库准备、使用 Web 控件、常用系统对象、访问数据库、使用导航控件和其他常用控件、网站项目的设计与开发以及网站项目测试与发布。

本书可作为高职高专院校相关专业的 ASP.NET 课程教材,也可作为各类工程技术人员和程序设计人员的参考用书。

教师可发送邮件至编辑邮箱 1548103297@qq.com 索取教学资源。

图书在版编目（CIP）数据

动态网页设计:ASP.NET / 李军主编. -- 2 版. -- 北京:高等教育出版社,2015.4

ISBN 978-7-04-042298-6

Ⅰ. ①动… Ⅱ. ①李… Ⅲ. ①网页制作工具-程序设计-高等职业教育-教材 Ⅳ. ①TP393.092

中国版本图书馆 CIP 数据核字(2015)第 041083 号

策划编辑	张值胜	责任编辑	张值胜	封面设计	赵 阳	版式设计	张 杰
插图绘制	郝 林	责任校对	杨凤玲	责任印制	张福涛		

出版发行	高等教育出版社	网 址	http://www.hep.edu.cn
社 址	北京市西城区德外大街 4 号		http://www.hep.com.cn
邮政编码	100120	网上订购	http://www.landraco.com
印 刷	北京市鑫霸印务有限公司		http://www.landraco.com.cn
开 本	787mm×1092mm 1/16		
印 张	11.25	版 次	2010 年 3 月第 1 版
字 数	260 千字		2015 年 4 月第 2 版
购书热线	010-58581118	印 次	2015 年 4 月第 1 次印刷
咨询电话	400-810-0598	定 价	22.00 元

本书如有缺页、倒页、脱页等质量问题,请到所购图书销售部门联系调换
版权所有 侵权必究
物料号 42298-00

出版说明

教材是教学过程的重要载体，加强教材建设是深化职业教育教学改革的有效途径，推进人才培养模式改革的重要条件，也是推动中高职协调发展的基础性工程，对促进现代职业教育体系建设，切实提高职业教育人才培养质量具有十分重要的作用。

为了认真贯彻《教育部关于"十二五"职业教育教材建设的若干意见》（教职成〔2012〕9号），2012年12月，教育部职业教育与成人教育司启动了"十二五"职业教育国家规划教材（高等职业教育部分）的选题立项工作。作为全国最大的职业教育教材出版基地，我社按照"统筹规划，优化结构，锤炼精品，鼓励创新"的原则，完成了立项选题的论证遴选与申报工作。在教育部职业教育与成人教育司随后组织的选题评审中，由我社申报的1338种选题被确定为"十二五"职业教育国家规划教材立项选题。现在，这批选题相继完成了编写工作，并由全国职业教育教材审定委员会审定通过后，陆续出版。

这批规划教材中，部分为修订版，其前身多为普通高等教育"十一五"国家级规划教材（高职高专）或普通高等教育"十五"国家级规划教材（高职高专），在高等职业教育教学改革进程中不断吐故纳新，在长期的教学实践中接受检验并修改完善，是"锤炼精品"的基础与传承创新的硕果；部分为新编教材，反映了近年来高职院校教学内容与课程体系改革的成果，并对接新的职业标准和新的产业需求，反映新知识、新技术、新工艺和新方法，具有鲜明的时代特色和职教特色。无论是修订版，还是新编版，我社都将发挥自身在数字化教学资源建设方面的优势，为规划教材开发配套数字化教学资源，实现教材的一体化服务。

这批规划教材立项之时，也是国家职业教育专业教学资源库建设项目及国家精品资源共享课建设项目深入开展之际，而专业、课程、教材之间的紧密联系，无疑为融通教改项目、整合优质资源、打造精品力作奠定了基础。我社作为国家专业教学资源库平台建设和资源运营机构及国家精品开放课程项目组织实施单位，将建设成果以系列教材的形式成功申报立项，并在审定通过后陆续推出。这两个系列的规划教材，具有作者队伍强大、教改基础深厚、示范效应显著、配套资源丰富、纸质教材与在线资源一体化设计的鲜明特点，将是职业教育信息化条件下，扩展教学手段和范围，推动教学方式方法变革的重要媒介与典型代表。

教学改革无止境，精品教材永追求。我社将在今后一到两年内，集中优势力量，全力以赴，出版好、推广好这批规划教材，力促优质教材进校园、精品资源进课堂，从而更好地服务于高等职业教育教学改革，更好地服务于现代职教体系建设，更好地服务于青年成才。

高等教育出版社
2015年1月

第 2 版前言

目前，高职高专层次的 ASP.NET 教材尽管已开始着重于案例的展现，但往往不是基于一个完整的真实案例编写，与实际应用项目差距较大；在教材的架构上，也很少以项目开发的完整流程为主线，学生学习之后依然无法直接上手去完成一个实际应用项目。

本书是针对已具备一定的 Internet 基础知识、网页制作技术的学生编写的，目的是为今后完成网站的设计和维护任务打下坚实的技术基础。

本书将基于 ASP.NET 技术的动态网站开发的整个过程所需的各种专业知识和技能，融合在一个完整的项目案例"计算机系网站"中，使学生通过完整项目案例的学习，能够熟练掌握从网站需求分析、整体规划、详细设计、代码编写、网站发布与测试、服务器环境配置与安全设置等各环节的开发流程，掌握网站从开发伊始到交付运行的每一个过程。

本书内容紧跟动态网页设计技术的发展趋势，并将新技术应用到教材当中。本书历经了"省级示范专业建设"、"国家级示范院校建设"等多轮教学改革的洗礼，并经过多年教学实践的检验，是多年来教学改革成果的结晶。

在本书的编写过程中融入了 CDIO（Conceive，Design，Implement，Operate；构思，设计，实现，运作）教学理念，并将其体现于真实网站项目建设与开发完整流程的所有实施步骤，使学生在完成项目案例的过程中，提高实践能力，掌握基于 ASP.NET 技术的动态网站开发方法。

本书的编写团队成员均来自国家级教学团队，具有丰富的企业实践工作经验；书中案例来自企业真实项目，具体内容由企业一线工程师参与选取和界定，并在编写完毕后进行内容审核。

本书教学资源丰富，配套课程标准、电子教案、授课计划、参考资料目录、电子课件（PPT 版）、素材、源代码、习题及习题答案等资源。

由于计算机网络技术发展迅猛，加之时间仓促，书中难免有不妥之处，祈望读者批评指正。

编　者
2015 年 1 月

第1版前言

现在，越来越多的人在生活和学习中已离不开 Internet 了。目前，Internet 上的 WWW 服务得到了更广泛的应用。许多企业建立网站，通过 Internet 来展示企业形象、发布产品资讯、提供服务以及开展电子商务。同时越来越多的人们希望在 Internet 上拥有自己的个人网站。然而，不具有交互性的传统 HTML 网页已无法满足设计者及浏览者的需要，因此学习动态网页设计技术就显得非常必要了。

目前支持 Web 应用程序开发的工具有很多种，如 ASP、PHP、JSP、ASP.NET 等，随着 Windows NT 在 WWW 上的使用日益增多，ASP 已经成为了开发动态网站、构筑 Internet 和 Intranet 应用的最佳选择。该技术支持当前所有的浏览器，并便于 Web 数据库应用的开发。其主要特点是使用脚本语言将 HTML、对象、组件和 Web 服务器访问功能结合在一起，创建一个能够在 Web 服务器端运行的应用程序页面，响应客户端的各种请求，将应用程序页面运行的结果以 HTML 页面的形式发送给客户端的浏览器。

本书是针对已经具备了 Internet 的基础知识、网页制作技术的读者编写的，为以后完成网站的设计和维护任务打下坚实的技术基础。

本书的教学目标：

（1）理论性目标——掌握 ASP 技术的基本知识、基本理论。

（2）操作技能性目标——掌握动态网页设计的基本技能、基本操作。

（3）经验性目标——在实际应用过程中的实际经验、应掌握的注意事项等。

本书共分 7 章。第 1 章主要介绍 ASP 的基础知识，主要包括实现交互式动态网页的各种技术的介绍，以及如何搭建 ASP 的运行环境和如何创建 ASP 程序；第 2 章主要介绍 VBScript 语言基础，主要包括 VBScript 脚本语言的基本语法，以及如何编写含有 VBScript 脚本语言的 ASP 程序；第 3 章主要介绍 ASP 常用对象，以及如何使用这些对象进行动态网页的开发；第 4 章主要介绍 ASP 常用内置组件，以及如何利用这些组件完成不同的功能；第 5 章主要介绍使用 ADO 操纵数据库的方法，主要包括 Web 数据库的访问技术，以及如何对 Web 数据库进行存取、查询、更新等操作；第 6 章主要介绍一个综合实例——购物网站，主要包括购物网站的总体设计，网站各主要功能的实现手段，以及一些主要功能模块的源代码编写；第 7 章主要介绍 ASP 中的常见问题及使用技巧。

由于计算机网络技术发展迅速，编者水平有限，书中难免有不妥之处，恳请读者批评指正。

编　者

目　录

单元 1　ASP.NET 简介及环境搭建 ………… 1
　任务 1.1　搭建 ASP.NET 开发环境 ………… 2
　　【任务描述】 ………………………………… 2
　　【任务清单】 ………………………………… 2
　　【任务准备】 ………………………………… 2
　　　知识点 1　ASP.NET 概述 ………………… 2
　　　知识点 2　ASP.NET 技术的特点 ………… 3
　　　知识点 3　ASP.NET 与其他动态网页
　　　　　　　　技术的比较 ………………………… 3
　　　知识点 4　ASP.NET 的开发环境 ………… 4
　　【任务实施】 ………………………………… 4
　　　1．获得 Visual Studio 2010 安装程序 …… 4
　　　2．进入安装界面 ………………………… 4
　　　3．选择安装方式 ………………………… 5
　　　4．选择要安装的组件 …………………… 6
　　　5．启动 Visual Studio 2010 ……………… 8
　任务 1.2　创建 ASP.NET Web 应用程序 …… 8
　　【任务描述】 ………………………………… 8
　　【任务清单】 ………………………………… 9
　　【任务准备】 ………………………………… 9
　　　知识点 1　ASP.NET 与 .NET 框架 ……… 9
　　　知识点 2　ASP.NET 动态网页的运行
　　　　　　　　环境 …………………………… 10
　　【任务实施】 ………………………………… 10
　　　1．启动 Visual Studio 2010 ……………… 10
　　　2．创建新项目 …………………………… 11
　　　3．修改应用程序首页代码 ……………… 12
　　　4．调试程序 ……………………………… 12
　【单元小结】 ………………………………… 14

单元 2　网站项目总体设计及数据库准备 … 15
　任务 2.1　网站项目总体设计 ……………… 16
　　【任务描述】 ………………………………… 16

　　【任务清单】 ………………………………… 16
　　【任务准备】 ………………………………… 16
　　　知识点 1　网站项目需求分析 …………… 16
　　　知识点 2　网站项目界面设计 …………… 17
　　【任务实施】 ………………………………… 19
　　　1．获取静态页面模板 …………………… 19
　　　2．创建 Dreamweaver 站点 ……………… 20
　任务 2.2　网站项目数据库设计 …………… 23
　　【任务描述】 ………………………………… 23
　　【任务清单】 ………………………………… 23
　　【任务准备】 ………………………………… 23
　　　知识点 1　数据库设计 …………………… 23
　　　知识点 2　数据库表结构设计 …………… 24
　　【任务实施】 ………………………………… 25
　　　1．启动 SQL Server 2008 ………………… 25
　　　2．新建数据库 …………………………… 25
　　　3．新建数据表 …………………………… 26
　【单元小结】 ………………………………… 27

单元 3　使用 Web 控件 ……………………… 29
　任务 3.1　用户信息录入 …………………… 30
　　【任务描述】 ………………………………… 30
　　【任务清单】 ………………………………… 30
　　【任务准备】 ………………………………… 30
　　　知识点 1　HTML 服务器控件 …………… 31
　　　知识点 2　Web 服务器控件 ……………… 31
　　　知识点 3　控件的加载与使用 …………… 31
　　【任务实施】 ………………………………… 32
　　　1．使用 Label 控件实现文本显示 ……… 32
　　　2．使用 TextBox 控件实现信息的输入和
　　　　　输出 …………………………………… 33
　　　3．使用按钮类型的控件实现页面操作 … 33
　　　4．使用 Image 控件显示图像 …………… 35

    5. 使用 HyperLink 控件创建链接 ············ 35
    6. 使用 RadioButton 控件实现单选 ········· 36
    7. 使用 CheckBox 控件实现多选 ············ 37
    8. 使用列表类型控件实现数据选择 ········ 39
    9. 完成用户信息录入 ······························· 42
  任务 3.2   用户注册信息验证 ····················· 44
    【任务描述】 ··· 44
    【任务清单】 ··· 45
    【任务准备】 ··· 45
      知识点 1   数据验证的必要性 ·············· 45
      知识点 2   常用数据验证方式 ·············· 45
    【任务实施】 ··· 45
      1. 使用 RequiredFieldValidator 控件
         进行非空验证 ···································· 45
      2. 使用 CompareValidator
         控件进行比较验证 ···························· 47
      3. 使用 RangeValidator 控件进行范围
         验证 ··· 48
      4. 使用 RegularExpressionValidator
         控件进行正则表达式验证 ················ 50
      5. 使用 CustomValidator 实现用户自
         定义验证 ·· 52
      6. 完成用户注册信息验证 ···················· 54
  【单元小结】 ··· 56

单元 4   常用系统对象 ································· 57
  任务 4.1   跨页数据传递 ····························· 58
    【任务描述】 ··· 58
    【任务清单】 ··· 58
    【任务准备】 ··· 58
      知识点 1   系统对象 ······························· 58
      知识点 2   Page 对象 ····························· 59
    【任务实施】 ··· 61
  任务 4.2   使用 Request 对象和 Response
              对象获取数据 ····························· 62
    【任务描述】 ··· 62
    【任务清单】 ··· 63
    【任务准备】 ··· 63
      知识点 1   Request 对象属性 ················ 63
      知识点 2   使用 Response 对象输出数据 ··· 64
    【任务实施】 ··· 65
  任务 4.3   使用 Server 对象 ······················ 66
    【任务描述】 ··· 66
    【任务清单】 ··· 66
    【任务准备】 ··· 66
      知识点 1   Server 对象的属性 ·············· 66
      知识点 2   Server 对象的方法 ·············· 67
    【任务实施】 ··· 68
  任务 4.4   使用 Session 对象在服务器
              端进行用户信息存储 ················ 68
    【任务描述】 ··· 68
    【任务清单】 ··· 69
    【任务准备】 ··· 69
      知识点 1   Session 功能 ······················· 69
      知识点 2   Session 属性和方法 ············ 70
    【任务实施】 ··· 70
  任务 4.5   使用 Cookie 在客户端保存
              用户信息 ···································· 71
    【任务描述】 ··· 71
    【任务清单】 ··· 72
    【知识准备】 ··· 72
      知识点 1   Cookie 分类 ························ 72
      知识点 2   Cookie 的使用方法 ············ 72
      知识点 3   Cookie 的常用属性 ············ 73
    【任务实施】 ··· 73
  【单元小结】 ··· 74

单元 5   访问数据库 ····································· 75
  任务 5.1   使用数据源控件实现数据库
              连接 ·· 76
    【任务描述】 ··· 76
    【任务清单】 ··· 76
    【任务准备】 ··· 76
      知识点 1   数据源控件分类 ················ 76
      知识点 2   数据绑定方法 ···················· 77
    【任务实施】 ··· 78

任务 5.2　使用数据绑定控件实现数据表的格式化分页显示……80
　【任务描述】……80
　【任务清单】……80
　【任务准备】……80
　　知识点 1　GridView 控件概述……80
　　知识点 2　GridView 控件的数据绑定方式……81
　【任务实施】……81
任务 5.3　使用 DetailsView 控件编辑数据……84
　【任务描述】……84
　【任务清单】……84
　【任务准备】……84
　　知识点 1　DetailsView 控件介绍……84
　　知识点 2　DetailsView 控件功能……85
　【任务实施】……85
【单元小结】……87

单元 6　使用导航控件和其他常用控件……89
　任务 6.1　使用 SiteMapPath 控件实现页面导航……90
　　【任务描述】……90
　　【任务清单】……90
　　【任务准备】……90
　　　知识点 1　站点导航……90
　　　知识点 2　站点地图……91
　　　知识点 3　导航控件……92
　　【任务实施】……93
　任务 6.2　使用 FileUpload 控件实现文件上传……95
　　【任务描述】……95
　　【任务清单】……96
　　【任务准备】……96
　　　知识点 1　FileUpload 控件的常用属性……96
　　　知识点 2　HttpPostedFile 常用属性……97
　　【任务实施】……97
【单元小结】……98

单元 7　网站项目的设计与开发……99
　任务 7.1　实现网站项目后台登录功能……100
　　【任务描述】……100
　　【任务清单】……100
　　【任务准备】……101
　　　知识点 1　登录界面的设计……101
　　　知识点 2　登录验证码设计……101
　　　知识点 3　登录成功后界面设计……101
　　【任务实施】……105
　　　1. 实现网站验证功能……105
　　　2. 实现网站项目登录功能……107
　任务 7.2　实现网站项目用户管理功能……110
　　【任务描述】……110
　　【任务清单】……110
　　【任务准备】……110
　　　知识点 1　用户管理界面控件的设计……110
　　　知识点 2　用户管理界面源代码的设计……111
　　【任务实施】……113
　　　1. 实现用户信息的查询……113
　　　2. 实现用户信息的添加……115
　　　3. 实现用户信息的修改……117
　　　4. 实现用户信息的删除……120
　任务 7.3　实现网站项目新闻资讯编辑功能……122
　　【任务描述】……122
　　【任务清单】……124
　　【任务准备】……124
　　　知识点 1　新闻信息查询界面控件的设计……124
　　　知识点 2　新闻信息查询界面源代码的设计……125
　　　知识点 3　设置第三方分页控件……126
　　　知识点 4　新闻信息编辑界面的设计……126
　　　知识点 5　设置第三方内容编辑控件……127
　　【任务实施】……127
　　　1. 实现新闻信息的查询……127
　　　2. 实现新闻信息的添加……129
　　　3. 实现新闻信息的修改……132

4．实现新闻信息的删除……………132
任务7.4　实现网站项目客户端功能……134
　【任务描述】……………………………134
　【任务清单】……………………………136
　【任务准备】……………………………137
　　知识点1　网站首页控件的设计………137
　　知识点2　网站首页源代码的设计……137
　　知识点3　网站列表页控件的设计……138
　　知识点4　网站列表页源代码的设计…138
　　知识点5　网站内容页控件的设计……139
　　知识点6　网站内容页源代码的设计…139
　【任务实施】……………………………139
　　1．实现网站首页信息显示……………139
　　2．实现网站列表信息显示……………141
　　3．实现网站内容页信息显示…………142
　【单元小结】……………………………146

单元8　网站项目测试与发布……………147
　任务8.1　网站测试………………………148
　【任务描述】……………………………148
　【任务清单】……………………………148
　【任务准备】……………………………148
　　知识点1　安全性测试…………………148
　　知识点2　超链接测试…………………148
　　知识点3　用户体验测试………………149
　　知识点4　分辨率兼容性测试…………149
　　知识点5　浏览器兼容性测试…………149
　　知识点6　加载速度测试………………149
　　知识点7　压力测试……………………150
　【任务实施】……………………………150
　　1．浏览器兼容性测试…………………150
　　2．加载速度测试………………………153
　　3．压力测试……………………………156
　任务8.2　网站发布………………………159
　【任务描述】……………………………159
　【任务清单】……………………………159
　【任务准备】……………………………159
　　知识点1　发布网站的前提条件………159
　　知识点2　发布网站的主要步骤………160
　【任务实施】……………………………160
　　1．在开发环境中发布网站……………160
　　2．修改web.config文件………………161
　　3．在IIS中部署网站…………………162
　【单元小结】……………………………164

参考文献……………………………………165

单元 1
ASP.NET 简介及环境搭建

ASP.NET 是微软公司推出的替代 ASP 的下一代 Web 开发技术。通过 ASP.NET 技术,可以创建功能强大的动态 Web 网站应用。本单元将详细介绍 ASP.NET 技术以及其开发环境的搭建。

【知识目标】
- 了解 ASP.NET 技术的特点。
- 了解 ASP.NET 与其他动态网页技术的异同。
- 理解 ASP.NET 与.NET 框架的关系。
- 了解 ASP.NET 的运行环境。
- 了解 ASP.NET 的开发环境。

【技能目标】
- 掌握 Visual Studio 2010 安装程序的获取。
- 掌握 Visual Studio 2010 的安装。
- 掌握在 Visual Studio 2010 中创建项目。
- 掌握基本的 ASP.NET 程序调试方法。

任务 1.1　搭建 ASP.NET 开发环境

【任务描述】

安装 ASP.NET 的开发环境——Visual Studio 2010。
安装完成后的开发工具界面如图 1-1 所示。

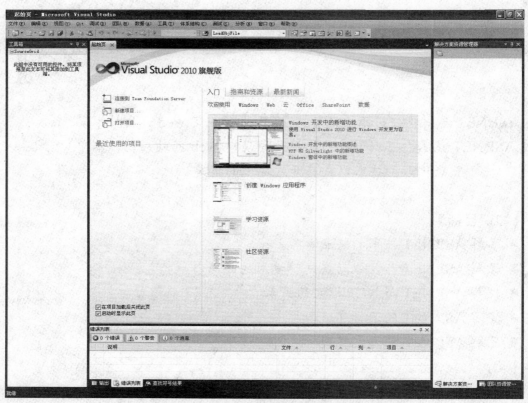

图 1-1　Visual Studio 2010 启动界面

【任务清单】

① 安装 Visual Studio 2010。
② 启动 Visual Studio 2010。

【任务准备】

知识点 1　ASP.NET 概述

ASP.NET 是以微软公司的.NET 框架平台为基础的。.NET 框架是微软公司的程序运行平台，包含两个主要组件，分别是公共语言运行库和.Net Framework 类库。公共语言运行库是.NET 框架的基础，是所有.NET 应用程序运行的平台。.Net Framework 类库提供了统一的应用程序接口，可以便于不同编程语言之间进行交互操作。正是由于这两个主要组件的支撑，.NET 框架可以支持 C#、J#、VB.NET 等编程语言的运行。

基于.NET 框架的动态网页技术主要由 ASP.NET 技术实现。ASP.NET 是微软公司推出的 Web 开发技术，用以取代旧的 ASP 技术。ASP.NET 是基于面向对象的开发技术，使用 ASP.NET 能够提高代码的重用性，降低应用程序的开发和维护的成本。

知识点 2 ASP.NET 技术的特点

（1）简单易学

微软公司为.NET 框架提供了一个功能强大的开发环境——Visual Studio.Net。通过 Visual Studio.Net，开发人员可以快速地创建和开发应用程序。Visual Studio.Net 也内置了强大的帮助系统，可以帮助初学者快速熟悉.NET 框架开发。

（2）支持多语言

.NET 框架可以支持多达 20 余种编程语言，开发人员在一种语言下开发的组件，可在另一编程语言的组件下重用，这大大提高了程序的可扩展性和可重用性。

（3）技术新颖

.NET 框架的技术以及 C#语言都出现的较晚，因此其各个领域均较为简单优化，凝聚了各种成功编程语言的优势。

知识点 3 ASP.NET 与其他动态网页技术的比较

（1）ASP.NET 与 JSP 动态网页技术

JSP 是 Java Web 体系中的一种动态网页制作技术，具有良好的跨平台性。JSP 技术以 Java 语言为基础，基于虚拟机运行。因此，在理论上，无论何种平台，只要虚拟机能够运行，JSP 即可运行。ASP.NET 是基于.NET 框架运行，因此 ASP.NET 也可以随着.NET 框架移植于各种平台之上。与 JSP 相比，ASP.NET 的可移植性毫不逊色。

JSP 基于面向对象的 Java 语言，其继承了 Java 语言良好的可重用性和可扩展性。ASP.NET 则发扬了面向对象思想，在可重用性和可扩展性上均表现良好。

（2）ASP.NET 与 PHP 动态网页技术

PHP 是一种开放源代码的编程语言，主要用于开发动态网页及服务器端应用。PHP 技术具有开放源代码和易学易用等特点，是一种流行的动态网页制作技术。PHP 源代码是开放的，这意味着开发人员可以随时获取 PHP 代码，并可以根据自己的需要对它进行再开发，因此 PHP 具有很好的可扩展性。同时，开源也意味着 PHP 是免费的，无须为使用 PHP 技术而付费。另外，PHP 语言的语法简单易学，更适合初学者，也使程序开发更快速。

微软公司为开发者提供了功能强大的集成开发环境——Visual Studio。通过 Visual Studio，开发人员可以方便、快捷地创建和调试 ASP.NET 程序，在开发效率上甚至高过 PHP 技术。同时，越来越多的开发者社区为 ASP.NET 提供支持，使 ASP.NET 获得更多的开放资源。

（3）ASP.NET 与 ASP 动态网页技术

ASP.NET 在某种程度上可以看作是 ASP 的下一个版本。但是 ASP.NET 却与 ASP 完全不同。随着 Internet 的发展，ASP 日益呈现出其不足之处，包括 ASP 代码无法和 HTML 代码很好地分离，造成页面代码混乱、可维护性低等弊端。ASP.NET 虽然与 ASP 在名称上相似，但是 ASP.NET

与 ASP 是完全不同的编程语言。ASP.NET 是面向对象的开发模型，使用 ASP.NET 能够提高代码的重用性，降低应用程序的开发和维护的成本。

从技术发展的长期趋势来看，ASP 已经是过时的技术，ASP.NET 终将取代 ASP 而成为微软公司旗下的主流动态网页编程技术。

知识点 4　ASP.NET 的开发环境

微软公司为开发人员提供了 Visual Studio 开发环境来进行高效的开发。开发人员可以使用现成的 ASP.NET 控件进行高效的应用程序开发，这些控件包括日历控件、分页控件、数据源控件和数据绑定等控件。开发人员通过在 Visual Studio 开发环境中将相应的控件拖动到页面中即可实现复杂的应用程序编写。由于 Visual Studio 开发环境在人机交互的设计理念上更加完善，因此使用 Visual Studio 开发环境进行应用程序开发能够极大地提高开发效率，实现复杂的编程应用。

【任务实施】

本任务通过安装 Visual Studio 2010，完成 ASP.NET 开发环境的搭建。

1. 获得 Visual Studio 2010 安装程序

微软公司提供了 Visual Studio 2010 旗舰版的安装光盘映像文件（ISO 格式）的下载网址：http://download.microsoft.com/download/2/4/7/24733615-AA11-42E9-8883-E28CDCA88ED5/X16-42552VS2010UltimTrial1.iso。

本映像文件容量约为 2.2 GB。下载完成后即可进行安装。

2. 进入安装界面

双击 autorun.exe 文件，进入安装界面，如图 1-2 所示。选择"安装 Mircrosoft Visual Studio 2010"选项。

图 1-2　Visual Studio 2010 安装界面

安装程序加载安装组件，如图 1-3 所示。加载完成后，单击"下一步"按钮。

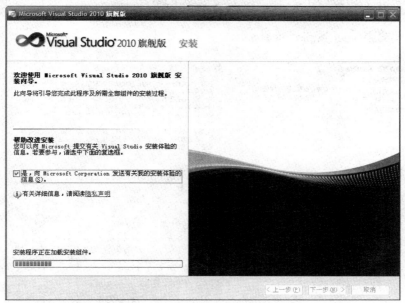

图 1-3　安装程序加载安装组件

选择"我已阅读并接受许可条款"单选项,如图 1-4 所示。完成后单击"下一步"按钮。

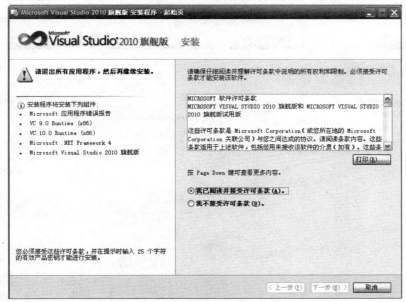

图 1-4　阅读并接受许可条款

3. 选择安装方式

Visual Studio 2010 提供了"完全安装"和"自定义安装"两种安装方式,如图 1-5 所示。"完全安装"方式将自动将所有组件安装到本地计算机上,而"自定义安装"方式则允许开发人员选择需要的组件进行安装。

图 1-5　选择安装方式

选择"自定义"安装方式,填写安装路径,如图 1-6 所示。填写完成后,单击"下一步"按钮。

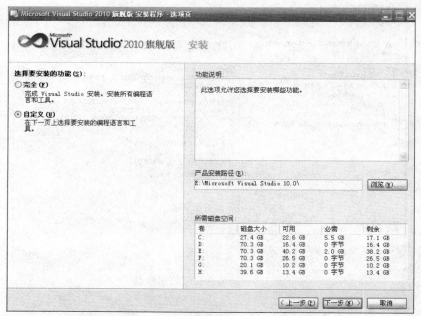

图 1-6　自定义安装

4. 选择要安装的组件

在左侧窗格中,选择要安装的组件,如图 1-7 所示。作为 ASP.NET 开发,至少应选中

"Visual Web Developer"选项。完成选择后,单击"安装"按钮。

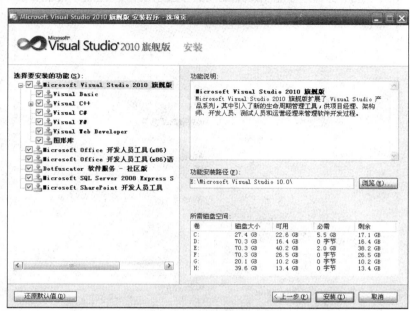

图 1-7　选择安装组件

安装程序开始安装后,将显示安装进度,如图 1-8 所示。需要注意的是,在安装过程中,可能会多次要求用户重启计算机。

图 1-8　安装进度

安装完成后,单击"完成"按钮,如图 1-9 所示。

图 1-9 安装完成

5. 启动 Visual Studio 2010

双击桌面上的 Visual Studio 2010 图标,启动欢迎界面,如图 1-10 所示。

图 1-10 Visual Studio 2010 欢迎界面

任务 1.2 创建 ASP.NET Web 应用程序

【任务描述】

创建并运行第 1 个 ASP.NET Web 应用程序,在浏览器中显示"HELLO WORLD!"字样,运行效果如图 1-11 所示。

图 1-11 "HELLO WORLD" 程序运行效果

【任务清单】

① 创建 ASP.NET Web 应用程序。
② 运行第 1 个 ASP.NET Web 应用程序。

【任务准备】

知识点 1 ASP.NET 与.NET 框架

.NET 框架是微软公司的程序运行平台，包含两个主要组件，分别是公共语言运行库和.NET Framework 类库。公共语言运行库是.NET 框架的基础，是所有.NET 应用程序运行的平台。.NET Framework 类库提供了统一的应用程序接口，可以便于不同编程语言之间进行交互操作。正是由于这两个主要组件的支撑，.NET 框架可以支持 C#、J#、VB.NET 等编程语言的运行。

（1）公共语言运行库

公共语言运行库（Common Language Runtime，CLR）在组件的开发及运行过程中扮演着非常重要的角色，它为托管代码提供各种服务，如跨语言集成、代码访问安全性、对象生存期管理、调试和分析支持。CLR 是一个运行时环境，负责资源管理（内存分配和垃圾收集），并保证应用和底层操作系统之间必要的分离。

（2）.NET Framework 类库

.NET Framework 是支持生成和运行应用程序和服务的内部 Windows 组件，它包含了.NET 应用程序开发中所需要的类和方法，开发人员可以使用.NET Framework 类库提供的类和方法进行应用程序的开发。

无论是基于何种平台或设备的应用程序都可以使用.NET Framework 类库提供的类和方法。

在开发过程中,.NET Framework 类库中对不同的设备和平台提供的类和方法基本相同,开发人员不需要进行重复学习就能够进行不同设备的应用程序的开发,这就大大降低了开发人员的学习成本。

知识点 2　ASP.NET 动态网页的运行环境

发布和运行 ASP.NET 动态网页应用程序需要 Web 应用服务器软件 IIS 的支持。

IIS（Internet Information Services）是由微软公司开发的 Web 应用服务器软件。应用服务器软件为 Web 应用程序提供一种对系统资源的访问机制,如 HTTP 协议的实现。Web 应用程序被部署在应用服务器软件上之后,才能够被用户访问。IIS 随 Windows 操作系统分发,用户可以在 Windows 操作系统中安装和配置 IIS。

Windows 2000 操作系统中集成的 IIS 5.0 版本可以支持 ASP.NET 1.0/1.1/2.0 的运行环境,而 Windows 7 操作系统中集成的 IIS 7.0 版本可以支持.Net 3.5。

【任务实施】

本任务通过创建 ASP.NET Web 应用程序,介绍 Visual Studio 2010 的界面,以及开发动态网页项目的基本方法。

1. 启动 Visual Studio 2010

进入起始界面,如图 1-12 所示。

图 1-12　Visual Studio 2010 起始界面

2. 创建新项目

在起始界面中,选择"新建项目"选项,如图 1-13 所示。

图 1-13 新建项目

在"新建项目"窗口中左侧的"已安装的模板"列表框中,选择"Visual C#"→"Web"选项,然后在中间列表框中,选择"ASP.NET Web 应用程序"选项。接下来,在底部的"名称"文本框中,输入项目的名称(本任务的名称为"helloworld"),如图 1-14 所示。

图 1-14 创建新项目"helloworld"

单击"确定"按钮,新项目创建成功后,会自动进入 Visual Studio 2010 主界面,如图 1-15 所示。

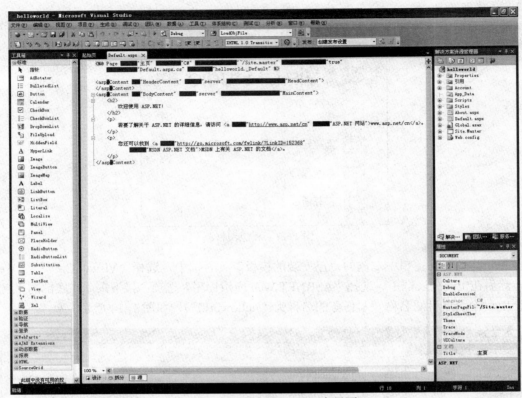

图 1-15 Visual Studio 2010 主界面

3. 修改应用程序首页代码

Visual Studio 2010 自动为 Web 应用程序首页 Default.aspx 生成了代码。将 Default.aspx 中的代码修改为：

<%@ Page Title="主页" Language="C#" MasterPageFile="~/Site.master" AutoEventWireup="true" CodeBehind=
   "Default.aspx.cs" Inherits="helloworld._Default" %>
<asp:Content ID="HeaderContent" runat="server" ContentPlaceHolderID="HeadContent">
</asp:Content>
<asp:Content ID="BodyContent" runat="server" ContentPlaceHolderID="MainContent">
    <h2>
        Hello World!
    </h2>
</asp:Content>

4. 调试程序

在 Visual Studio 2010 主界面中选择"调试"→"启动调试"菜单命令，如图 1-16 所示，或者直接按快捷键 F5，开始调试程序。

在 Windows 任务栏中，会出现 Web 应用服务器的图标，并提示 Web 应用程序的 URL 及端口号，如图 1-17 所示。此时，只需要在浏览器中输入该网址，即可访问 Web 应用程序。

图 1-16　启动调试

图 1-17　Web 应用服务器启动

打开浏览器，在浏览器地址栏中输入应用程序网址，访问 Web 应用程序，如图 1-18 所示。

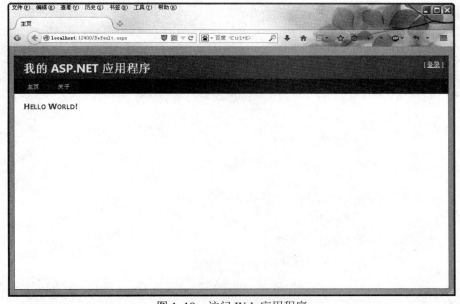

图 1-18　访问 Web 应用程序

调试结束后，需要返回编程窗口。在状态栏的应用服务器图标上单击鼠标右键，在弹出的快捷菜单中，选择"停止"命令，如图 1-19 所示，即可关闭应用服务器，返回 Visual Studio 2010 主界面。

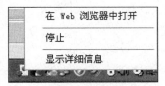

图 1-19　结束调试

【单元小结】

- 在任务 1.1 中，介绍了 ASP.NET 技术的基本概念、技术特点，以及 ASP.NET 技术与其他常用动态网页技术之间的比较。通过任务 1.1，可以掌握 ASP.NET 动态网页开发环境的基本搭建方法。
- 在任务 1.2 中，介绍了.NET 框架和 IIS 应用服务器的基本概念，并通过任务 1.2 介绍了开发 ASP.NET Web 应用程序的基本方法。

单元 2
网站项目总体设计及数据库准备

本书以基于真实工作任务的案例——"计算机系网站",来讲解动态网站建设知识。本单元将对整个项目案例进行整体介绍和总体设计,并进行前台界面和数据库准备。

【知识目标】
- 了解网站项目需求。
- 了解网站项目界面设计思路。
- 了解网站项目数据库及表结构设计。

【技能目标】
- 掌握静态页面模板的使用方法。
- 掌握 Dreamweaver 中站点的使用。
- 掌握 SQL Server 2008 中数据库设计方法。
- 掌握 SQL Server 2008 中表结构设计方法。

任务 2.1　网站项目总体设计

【任务描述】

对"计算机系网站"进行项目需求分析,并对该网站项目进行功能模块划分。在需求分析的基础上,设计本网站的静态网页界面。

由于本书的重点在于动态网页技术的讲解,因此静态网页界面设计部分不做详细介绍。本书将提供一个完整的静态网站模板供读者使用,获取方式见本书前言部分。本任务是将静态网页模板导入 Dreamweaver 站点中。

【任务清单】

① 完成"计算机系网站"的项目需求分析。
② 完成"计算机系网站"的功能模块分析。
③ 完成"计算机系网站"的界面设计。

【任务准备】

知识点 1　网站项目需求分析

需求分析的目的是确定系统必须完成的工作,对目标系统提出完整、准确、清晰、具体的要求。"计算机系网站"项目主要从功能目标和功能需求两个方面进行需求分析。

(1) 功能目标

"计算机系网站"项目的主要目的是宣传计算机系的工作动态和新闻资讯,展示系部的学生风采。网站栏目设置为:

① 系部简介。系部简介栏目中,主要内容为系部的简单介绍,使访问者能够对计算机系情况有一个概要的认识和了解。

② 新闻资讯。新闻资讯栏目中,主要展示计算机系的各种通知和新闻,使访问者能够及时了解计算机系的工作动态。

③ 专业介绍。专业介绍栏目中,主要介绍计算机系开设的各个专业情况,使访问者可以针对性地了解某一专业情况。

④ 师资队伍。师资队伍栏目中,主要展示计算机系各位教师的基本情况,使访问者大致了解计算机系的师资力量和配置。

⑤ 学生风采。学生风采栏目中,主要展示学生丰富多彩的课余活动照片。

⑥ 在线留言。在线留言栏目中,提供访问者的留言功能,使访问者能够与网站管理员进行在线交流。

"计算机系网站"栏目设置如图 2-1 所示。

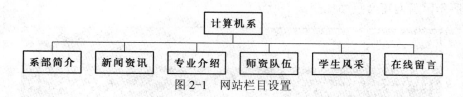

图 2-1　网站栏目设置

（2）功能需求

① 用户管理。用户管理模块包括修改密码和添加新用户功能。修改密码功能允许用户修改自己的登录密码；添加新用户功能允许管理员为网站添加一个新用户账号。

② 登录登出。登录登出模块包括用户登录和安全登出功能。用户登录功能允许用户通过输入正确的用户名和密码来访问网站的后台系统；安全登出功能允许用户安全地退出网站后台系统。

③ 新闻管理。新闻管理模块包含发布新闻、修改新闻和删除新闻功能。发布新闻功能允许用户发布新闻资讯；修改新闻模块允许用户修改新闻内容并重新发布；删除新闻允许用户将不再需要的新闻删除。

④ 留言管理。留言管理模块与新闻管理模块的实现方法基本类似，本书中将不再赘述。

"计算机系网站"项目功能模块如图 2-2 所示。

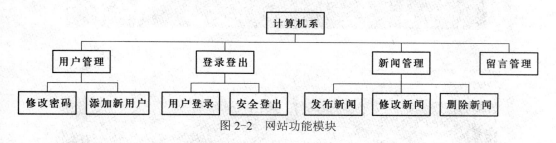

图 2-2　网站功能模块

知识点 2　网站项目界面设计

"计算机系网站"是计算机系对外宣传的窗口，需针对整个网站进行精心的形象设计，使之在视觉效果上更美观、大方、简捷，内容上更加完整、实用、丰富、统一。主要设计原则如下。

① 界面色彩：以蓝色调为主，配合 IT 行业的科技感和深邃感。

② 界面规格：网站采用 1 024×768 像素/屏及以上分辨率。

③ 内容与形式相统一：界面设计过程中力求通过网页内容向浏览者传达的有效信息及文字，综合运用网站的排版布局、色彩、图形等增强网站外在的视觉效果。

④ 风格统一：整个系统的界面设计采取统一的风格，使网站看起来更直观、清晰。确立风格时，力争突出自身的个性，无论是文字、色彩的运用还是版式的设计，都要坚持用户易用性原则。

⑤ 栏目设置合理：栏目设置以用户易用、易查为原则，尽量符合用户浏览的顺序。

⑥ 良好的兼容性：在设计过程中注意网页的兼容性，使它适用于大多数主流的浏览器。

设计完成的前台静态网页界面符合以上设计原则。网站首页如图 2-3 所示，新闻列表页面如图 2-4 所示，新闻正文页面如图 2-5 所示。

图 2-3　计算机系网站首页

图 2-4　新闻列表页面

单元 2　网站项目总体设计及数据库准备　19

图 2-5　新闻正文页面

【任务实施】

1. 获取静态页面模板

解压缩网站前台静态页面模板的压缩包如图 2-6 所示。其中，index.htm 文件为网站首页，list.htm 文件为新闻列表页面，content.htm 文件为新闻正文页面。

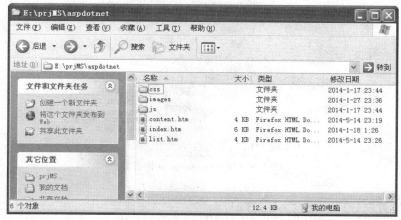

图 2-6　网站前台静态页面模板

2. 创建 Dreamweaver 站点

静态页面的美化和修改可以借助于 Adobe Dreamweaver 工具。本任务以 Adobe Dreamweaver CS3 版本为例。

首先启动 Dreamweaver，启动界面如图 2-7 所示。

图 2-7 Dreamweaver 启动界面

Dreamweaver 启动完毕后，会显示欢迎界面，如图 2-8 所示。在该界面中，选择"Dreamweaver 站点"选项，进入站点设置向导。

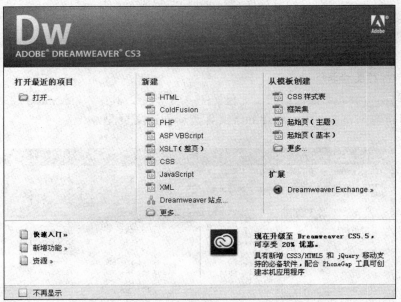

图 2-8 Dreamweaver 欢迎界面

进入站点设置向导后，首先为网站项目命名。在"您打算为您的站点起什么名字？"文本框中，输入"计算机系网站"，如图 2-9 所示。完成后，单击"下一步"按钮。

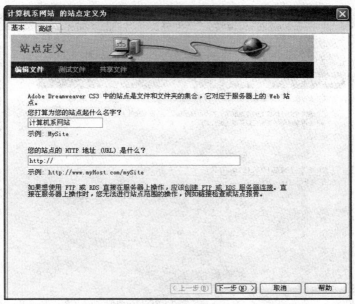

图 2-9　为站点命名

选择服务器技术类型。在该页面中，选择"否，我不想使用服务器技术"单选项，如图 2-10 所示。选择不使用服务器技术的原因是本任务中使用 Dreamweaver 只修改静态 HTML 页面，动态服务器技术交给 Visual Studio 来负责。选择完成后，单击"下一步"按钮。

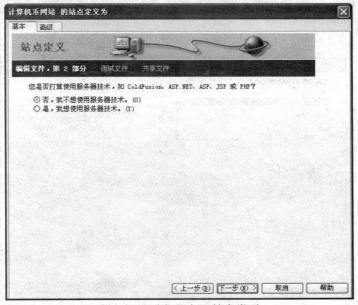

图 2-10　选择服务器技术类型

选择静态页面路径。在"您将把文件存储在计算机上的什么位置"框中，选择第 1 步中解压缩后的路径，如图 2-11 所示。选择完成后，单击"下一步"按钮。

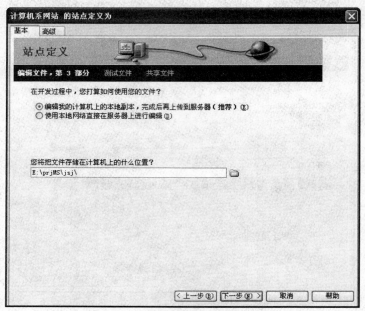

图 2-11　选择静态网页路径

选择服务器连接方式。在"您如何连接到远程服务器"下拉列表中，选择"无"选项，如图 2-12 所示。选择完成后，单击"下一步"按钮。

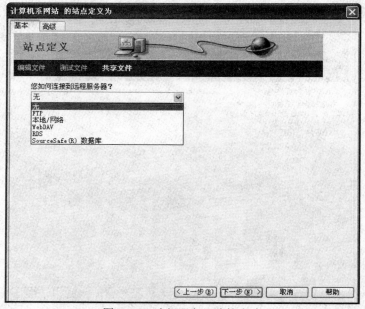

图 2-12　选择服务器连接方式

确认站点设置信息。确认站点设置信息无误后，单击"完成"按钮，如图 2-13 所示。

站点设置完成后，在 Dreamweaver 的"文件"面板中会出现已导入的静态网页，如图 2-14 所示。

单元2　网站项目总体设计及数据库准备　23

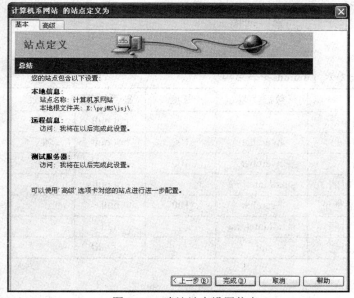

图 2-13　确认站点设置信息　　　　　　　　图 2-14　静态网页导入完毕

任务 2.2　网站项目数据库设计

【任务描述】

数据库是动态网站的重要组成部分。网站的各种数据都要通过数据库来存储。本任务的内容是设计"计算机系网站"的后台数据库和表结构，并在 SQL Server 中创建数据库和表。

【任务清单】

① 在 SQL Server 中创建数据库。
② 在数据库中创建相关的数据表。

【任务准备】

知识点1　数据库设计

根据本项目的需求分析的结果，设计使用三张数据表，见表 2-1。

表 2-1　数据表信息

表序号	表名	用途
1	adminuser	存放用户账号、密码和登录信息
2	n_type	存放栏目信息
3	news	存放文章信息，如文章标题、正文、作者等

知识点 2　数据库表结构设计

在确定了数据库表的基础上，设计数据表的字段结构。

adminuser 表结构见表 2-2。

表 2-2　adminuser 表结构

序号	字段名称	含义	数据类型	长度	是否非空	约束
1	user_id	账户编号	int		not null	主键
2	user_name	用户名	nvarchar	100	not null	唯一
3	user_password	密码	nvarchar	100	not null	
4	user_createtime	账号创建时间	smalldatetime		not null	
5	user_ip	最近登录 IP 地址	nvarchar	100	null	
6	user_logintime	最近登录时间	smalldatetime		null	
7	user_role	账号权限级别	int		not null	

n_type 表结构见表 2-3。

表 2-3　n_type 表结构

序号	字段名称	含义	数据类型	长度	是否非空	约束
1	n_type_id	栏目编号	int		not null	主键
2	n_type_name	栏目名称	nvarchar	510	not null	
3	n_type_parentid	上级栏目编号	int		not null	
4	n_type_strsort	排序依据	nvarchar	100	not null	
5	n_type_depth	栏目深度	int		not null	
6	n_type_root	顶级栏目编号	int		not null	
7	n_type_sort	排序顺序编号	int		not null	
8	n_type_isshow	是否隐藏	int		not null	

news 表结构见表 2-4。

表 2-4　news 表结构

序号	字段名称	含义	数据类型	长度	是否非空	约束
1	news_id	文章编号	int		not null	主键
2	news_seotitle	搜索引擎优化标题	nvarchar	100	null	
3	news_keyword	关键词	nvarchar	200	null	
4	news_describ	描述	nvarchar	200	null	
5	news_name	标题	nvarchar	100	not null	
6	news_content	正文	ntext		null	
7	news_createtime	发布时间	smalldatetime		null	
8	news_alertime	修改时间	smalldatetime		null	

续表

序号	字段名称	含义	数据类型	长度	是否非空	约束
9	news_comefrom	文章来源	nvarchar	100	null	
10	news_seetime	阅读次数	int		null	
11	news_isshow	是否隐藏	int		not null	
12	news_recommand	是否推荐	int		not null	
13	news_type	栏目编号	int		not null	
14	news_image	附图地址	nvarchar	100	null	
15	news_isimage	是否附图	int		not null	
16	news_sort	排序顺序编号	int		not null	

【任务实施】

1. 启动 SQL Server 2008

打开 SQL Server 2008 Management Studio，如图 2-15 所示。

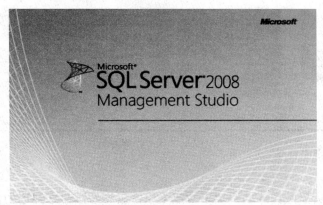

图 2-15　SQL Server 2008 Management Studio 启动界面

2. 新建数据库

在 SQL Server 2008 对象资源管理器的"数据库"节点上单击鼠标右键，在弹出的快捷菜单中选择"新建数据库"命令，如图 2-16 所示。

图 2-16　新建数据库

设置数据库参数。在"数据库名称"文本框中，输入新建的数据库的名称，并在下方数据库文件选项中，设置数据库文件的初始大小和自增量，如图2-17所示。

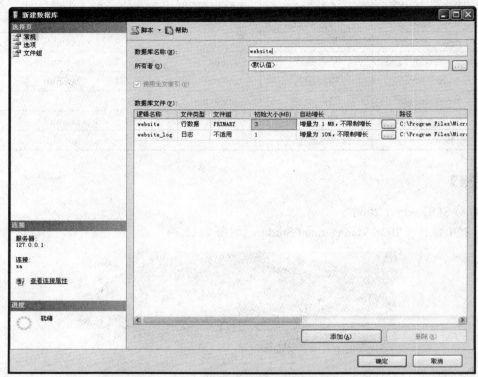

图2-17 设置数据库参数

3. 新建数据表

新建数据表。在新建数据库的"表"节点上单击鼠标右键，在弹出的快捷菜单中选择"新建表"命令，如图2-18所示。

创建表adminuser，并根据表2-2设计表结构，如图2-19所示。

图2-18 新建数据表　　　图2-19 adminuser表的表结构

创建表n_type，并根据表2-3设计表结构，如图2-20所示。
创建表news，并根据表2-4设计表结构，如图2-21所示。

JAVAWORKSTA...- dbo.n_type

列名	数据类型	允许 Null 值
n_type_id	int	☐
n_type_name	nvarchar(510)	☐
n_type_parentid	int	☐
n_type_strsort	nvarchar(100)	☐
n_type_depth	int	☐
n_type_root	int	☐
n_type_sort	int	☐
n_type_isshow	int	☐

图 2-20　n_type 表的表结构

JAVAWORKSTA...e - dbo.news

列名	数据类型	允许 Null 值
news_id	int	☐
news_seotitle	nvarchar(100)	☑
news_keyword	nvarchar(200)	☑
news_describ	nvarchar(200)	☑
news_name	nvarchar(100)	☐
news_content	ntext	☑
news_createtime	smalldatetime	☑
news_alertime	smalldatetime	☑
news_comefrom	nvarchar(100)	☑
news_seetime	int	☑
news_isshow	int	☐
news_recommand	int	☐
news_type	int	☐
news_image	nvarchar(100)	☑
news_isimage	int	☐
news_sort	int	☐

图 2-21　news 表的表结构

【单元小结】

- 在任务 2.1 中，对“计算机系网站”项目进行了需求分析，确定了网站栏目和功能模块，并根据前台界面设计原则，设计了网站静态页面模板。通过任务2.1，掌握静态网页模板导入 Dreamweaver 站点的方法。
- 在任务 2.2 中，根据需求分析设计了数据库和表结构，并在 SQL Server 2008 中，创建了数据库和表。

单元 3
使用 Web 控件

通过前面两个单元，学习了创建网站的基本步骤，在网站中创建简单的页面，并且体验了 ASP.NET 快速开发的特性。由此可见，ASP.NET 控件是网页组成的重要元素，不同的控件经过组合之后，可以完成页面中各种复杂功能。本单元学习 ASP.NET 提供的各种基本控件。

【知识目标】
- 了解 HTML 服务器控件的属性和方法。
- 了解 HTML 服务器控件和 HTML 语法标记的异同。
- 了解 Web 服务器控件的属性和方法。
- 了解 Web 服务器控件和 HTML 服务器控件的异同。
- 了解验证控件的属性。

【技能目标】
- 掌握使用 HTML 服务器控件进行各类表单设计。
- 掌握使用 Web 服务器控件进行各类表单设计。
- 掌握使用验证控件对用户数据进行控制。

任务 3.1 用户信息录入

【任务描述】

编写一个"用户信息录入"页面,实现如图 3-1 所示的页面,其中性别显示要求用 RadioButtont 控件实现,爱好显示用 CheckBox 实现,运行效果如图 3-2 所示。

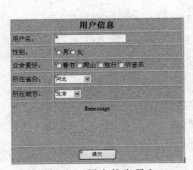

图 3-1 用户信息录入

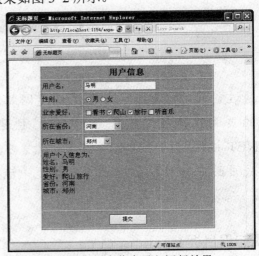

图 3-2 用户信息录入运行效果

【任务清单】

① 使用 Label 控件实现文本显示。
② 使用 TextBox 控件实现信息的输入和输出。
③ 使用按钮类型的控件实现页面操作。
④ 使用 Image 控件显示图像。
⑤ 使用 HyperLink 控件创建链接。
⑥ 使用 RadioButton 控件实现单选。
⑦ 完成用户信息录入。

【任务准备】

在 ASP.NET 中,控件按照运行在服务器端还是在客户端分为两大类,即客户端控件和服务器端控件。客户端控件也就是人们通常所说的 HTML 控件,通常使用<input>标记来呈现,这类控件在本书中不做过多介绍。但 HTML 控件也可以运行在服务器端,称为 HTML 服务器控件。在本单元中将重点介绍服务器端控件,主要包括 Web 服务器控件和 HTML 服务器控件。

> 小提示:控件是构成页面的基础,使用客户端控件可以实现纯客户端的功能,而服务器端控件的可编程能力更强,很容易完成用户与网站的数据交互。

知识点1 HTML 服务器控件

默认情况下，ASP.NET 文件中的 HTML 元素作为文本进行处理，并且不能在服务器端代码中引用这些元素。若要使这些元素能以编程方式进行访问，可以通过添加 runat="server"特性表明应将 HTML 元素作为服务器控件进行处理。还可以设置元素的 id 特性，使用户可以通过编程方式引用控件。

添加服务器端属性后的代码如下所示：
<input id="Button1" type="button" value="button" runat ="server" />

注意：HTML 服务器控件必须在具有 runat="server"特性的 form 标记中。

知识点2 Web 服务器控件

Web 服务器控件是指.NET 本身提供的，在服务器端进行解析的控件，如 TextBox、Label、Button 等控件都是服务器控件。这些控件在服务器端开发的时候，都以特殊的控件标签如<asp:控件名称></asp:控件名称>在"源视图"窗口中显示，那么这些 Web 服务器控件如何展现给浏览器端的用户？其实服务器端控件经过服务器解析之后就生成相应的符合 HTML 语法的标记显示在浏览器中。Web 服务器控件全部运行于服务器端，必须显式声明 runat="server"。Web 服务器控件比 HTML 控件更多，提供更多的内置功能，如 GridView、DataList、Reapter 等数据绑定控件，以及 Calendar 日历控件等。Web 服务器控件提供的属性、方法和事件更多，可编程能力更强。Web 服务器控件比 HTML 服务器控件更加抽象，因为其对象模型不一定反映 HTML 语法。按照功能来划分，Web 服务器控件还可以分为标准控件、数据控件、验证控件、导航控件、登录控件及其他辅助安装的自定义控件。

知识点3 控件的加载与使用

不管哪类控件，都不能单独使用，它必须放到网页上才能发挥它强大的作用，实现它本身所具有的功能，以下是其加载步骤。

（1）新建站点

选择"文件"→"新建"→"网站"菜单命令，在图 3-3 中的"文件系统"后输入网站路径与名称。

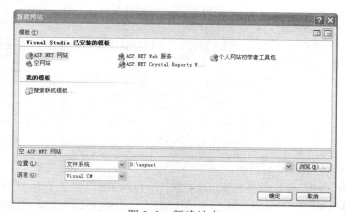

图 3-3 新建站点

（2）建立网页

在右侧的"解决资源管理器"中，右击站点名称，在弹出的快捷菜单中选择"添加新项"命令，在打开的如图 3-4 所示中上侧选择"Web 窗体"选项，名称处输入网页名称。

（3）插入表格

单击窗口下方的"设计"按钮，将页面切换到"设计视图"，选择"布局"→"插入表"菜单命令，在打开的对话框中输入行数和列数，单击"确定"按钮。

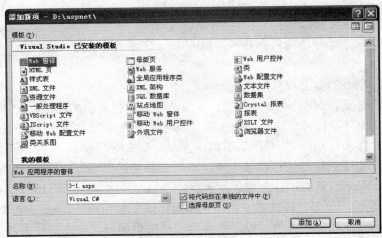

图 3-4　添加窗体

（4）编辑表格

按要求合并表格，输入文字，设置表格的边框、设置表格的背景颜色。

（5）添加控件

将光标移动到要放控件的单元格中，并单击窗口左侧的工具箱，如图 3-5 所示，双击标准控件中的相应工具。

（6）设置相应控件属性

右击控件，在弹出的快捷菜单中选择"属性"命令，在打开的属性窗口中设置控件的相应属性。

（7）编辑后台运行代码

双击要添加命令的按钮，打开源代码窗口，在相应的控件事件中编写程序代码。

图 3-5　工具箱

（8）调试运行

按快捷键 F5。

【任务实施】

1. 使用 Label 控件实现文本显示

Label 控件主要用来显示一段不可编辑的文本，通常当用户希望在运行时更改页面中文本的时候，可以使用 Label 控件的 Text 属性自定义显示文本。Label 控件常用属性见表 3-1。

表 3-1 Label 常用属性

属性	说明
ID	控件的编程标识符，是所有服务器控件的公共属性
Text	获取或设置 Label 控件显示的文本内容
ForeColor	获取或设置 Label 控件的前景色（指的是显示文本的颜色）

2. 使用 TextBox 控件实现信息的输入和输出

TextBox 控件提供了一种向 Web 窗体中输入和显示信息的方法，通过配置其不同的 TextMode 属性，可以将其配置为单行，多行和密码类型。TextBox 控件常用事件见表 3-2，常用属性见表 3-3。

表 3-2 TextBox 常用事件

事件	说明
TextChanged	当控件的内容发生变化并且用户焦点移出了控件，该事件将被触发

表 3-3 TextBox 常用属性

属性	说明
TextMode	指定文本框是单行（默认的），多行或密码。可以使用 TextBoxMode 枚举来编程设置
AutoPostBack	一个布尔值，表示当用户修改控件中的文本然后把焦点移出控件之外的时候，对服务器的自动回传是否发生
AutoCompleteType	获取或设置一个值，该值指示 TextBox 控件的 AutoComplete 行为。为协助完成数据输入，多数浏览器都支持一种称为"自动完成"的功能。"自动完成"监视一个文本框并创建用户输入的值的列表。用户在以后返回该文本框时，会显示该列表。用户只需从此列表选择值，而不用重新输入以前输入过的值，该属性的默认值为 None
MaxLength	获取或设置文本框中最多允许的字符数
CauseValidation	获取或设置一个值，该值指示当 TextBox 控件设置为在回发发生时是否执行验证

3. 使用按钮类型的控件实现页面操作

Web 服务器控件包括三种按钮，每种按钮在网页上显示的方式不同，这三种按钮控件分别是 Button 控件、LinkButton 控件和 ImageButton 控件。

（1）Button 控件

显示一个标准的 HTML 提交按钮。

（2）LinkButton 控件

显示一个可作为按钮使用的超链接。它和常规的 HTML<a>元素或 HyperLink 控件不同，单击 LinkButton 会引起向服务器的回发操作。

（3）ImageButton 控件

显示一幅可以作为按钮使用的图像。

三种 Button 控件的基本使用方式基本一样，单击时会向服务器提交表单，也就是说单击时会引起一次向服务器的回传。Button 控件最主要的作用是用于页面数据的回传,可以在单击后,完成页面后台代码的处理逻辑。Button、ImageButton 和 LinkButton 的常用属性见表 3-4。

表 3-4 Button、ImageButton 和 LinkButton 控件的常用属性

属性	说明
Text	获取或设置 Button 控件中显示的文本标题
CausesValidation	表示当按钮被点击时是否执行验证
CommandName	指定按钮的命令名
OnClientClick	获取或设置在引发某个按钮控件的 Click 事件时所执行的客户端脚本

以下通过输入用户信息的示例(3-1.aspx)来体会 Label、TextBox 和 Button 控件的用法。创建如图 3-6 所示的 Web 窗体页,要求用户名单行显示,通讯地址用多行文本的方式显示,运行效果如图 3-7 所示。

图 3-6 用户信息输入页面

图 3-7 用户信息输入页面运行效果图

实施步骤:
- 打开站点:网站路径与名称"D:\aspnet"。
- 建立网页:网页名称"3-1.aspx"。
- 插入表格:行数为 5,列数为 2。
- 编辑表格:合并第 1 行、第 3 行和第 4 行,在表格相应位置输入文字"用户信息(16 磅,加粗)、用户名、通讯地址",将表格的背景色改为浅蓝色。
- 添加控件:2 个文本框,1 个标签,1 个命令按钮。
- 设置控件属性:相应控件属性设置见表 3-5。

表 3-5 3-1.aspx 中基本控件属性设置

控件	ID	Text	Textmode
Text	Txtname	空	SingleLine
Text	Txtdz	空	MultiLine
Label	lbmessage	lbmessage	
Button	Button1	提交	

- 编辑后台运行代码：双击"提交"按钮，打开"3-1.aspx.cs"文件，然后在命令按钮 Button1_Click 事件中编写程序代码，代码如下。

```
using System;
using System.Data;
using System.Configuration;
using System.Collections;
using System.Web;
using System.Web.Security;
using System.Web.UI;
using System.Web.UI.WebControls;
using System.Web.UI.WebControls.WebParts;
using System.Web.UI.HtmlControls;
public partial class c3_3_1 : System.Web.UI.Page
{
    protected void Page_Load(object sender,   EventArgs e)
    {
    }
    protected void Button1_Click(object sender,   EventArgs e)
    {
        lbmessage.Text = "欢迎来自" + Txtdz.Text + "的" + Txtname.Text;
    }
}
```

- 运行实施：按 F5 键调试运行。

4. 使用 Image 控件显示图像

Image 控件用来在页面上显示一幅图像，它提供了和 HTML 中 IMG 元素相同的功能。用户还可以通过以下服务器端代码动态加载图片。

imgPerson.ImageUrl = "~/images/xiaohua.gif";

Image 控件常用属性见表 3-6。

表 3-6 Image 控件的常用属性

属性	说明
ImageUrl	指定所显示图像的路径
AlternateText	当图像不可用时，通过设置该属性来指定为取代图像而显示的文本
ImageAlign	图像相对于网页上其他元素的对齐方式

5. 使用 HyperLink 控件创建链接

HyperLink 控件主要用于在网页上创建超链接，实现网站上不同页面之间的跳转。它提供了和 HTML<a>元素相同的功能，该控件通常显示为链接文本，也可以显示为图片链接。HyperLink 控件常用属性见表 3-7。

表 3-7 HyperLink 常用属性

属性	说明
Text	指定链接文本
NavigateUrl	指定单击链接时所要导航到的 URL
ImageUrl	获取或设置为 HyperLink 控件显示的图像的路径

用户可以在设计时通过设置其 NavigateUrl 属性来设置链接所指向的 Url 地址，也可以通过编程在服务器代码中动态设定，代码如下。

hypTest1.NavigateUrl = "http://www.baidu.com";

6. 使用 RadioButton 控件实现单选

RadioButton 控件表示表单中的单选按钮，允许用户从预定义的列表中选择一项。如果多个单选按钮全都共享同一个 GroupName 属性，则它们在逻辑上属于一个组（即一组中只有一个单选按钮可以选中）。RadioButton 控件常用属性见表 3-8。

表 3-8 RadioButton 常用属性

属性	说明
Text	与控件关联的文本标签
GroupName	单选按钮所属的组名
Checked	单选按钮是否已经被选中

RadioButton 控件通过设置相同的 GroupName 属性实现了一组中只能选择一个，可以通过其 Checked 属性判断单选按钮是否被选中。可以通过示例（3-2.aspx）来学习该控件的用法，设计界面如图 3-8 所示，运行效果如图 3-9 所示。

图 3-8 用户性别选择设计页面

图 3-9 性别选择运行效果图

实施步骤：
- 打开站点：网站路径与名称"D:\aspnet"。
- 建立网页：网页名称"3-2.aspx"。
- 插入表格：行数为 5，列数为 2。
- 编辑表格：合并第 1 行、第 3 行和第 4 行，在表格相应位置输入文字"用户信息（16 磅，加粗）、用户名、性别"，将表格的背景色改为浅蓝色。

- 添加控件：1个文本框，1个标签，1个命令按钮，2个单选按钮。
- 设置控件属性：相应控件属性设置见表3-9。

表3-9　3-2.aspx中基本控件属性设置

控件	ID	Text	Groupname
Text	Txtname	空	
Radiobutton	radmale	男	Sex
Radiobutton	radfemale	女	Sex
Label	lbmessage	lbmessage	
Button	Button1	提交	

- 编辑后台运行代码：双击"提交"按钮，打开"3-2.aspx.cs"文件，然后在命令按钮Button1_Click事件中编写程序代码，代码如下。

```
public partial class c3_3_1 : System.Web.UI.Page
{
    protected void Page_Load(object sender, EventArgs e)
    {
    }
    protected void Button1_Click(object sender, EventArgs e)
    {
        string sex="";
        if (radmale.Checked == true)
            sex = radmale.Text;
        if (radfemale.Checked == true)
            sex = radfemale.Text;
        lbmessage.Text = Txtname.Text + "的性别是"+sex;
    }
}
```

- 运行实施：按F5键调试运行。

7. 使用CheckBox控件实现多选

CheckBox控件用于提供可供用户选择的选项，并将选择的结果提交到后台进行页面逻辑的处理。由于RadioButton是CheckBox类的一个子类，CheckBox和RadioButton的编程方式非常相似。只不过RadioButton只支持单选，而CheckBox支持多选。CheckBox控件常用属性见表3-10，其常用事件见表3-11。

表3-10　CheckBox常用属性

属性	说明
Text	与控件关联的文本标签
Checked	复选框是否被选中

表 3-11　CheckBox 常用事件

属性	说明
CheckedChanged	当控件 Checked 属性的值发生更改时触发。此事件不将页面回发到服务器，除非将其 AutoPostBack 属性被设置为 true

下面通过实例（3-3.aspx）实现用户信息中"爱好"的选择，通过此实例来学习该控件的用法，设计如图 3-10 所示，运行效果如图 3-11 所示。

图 3-10　用户爱好选择设计图

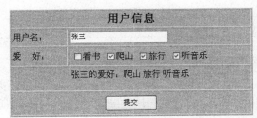

图 3-11　爱好选择运行效果图

实施步骤：
- 打开站点：网站路径与名称"D:\aspnet"。
- 建立网页：网页名称"3-3.aspx"。
- 插入表格：行数为 5，列数为 2。
- 编辑表格：合并第 1 行、第 3 行和第 4 行，在表格相应位置输入文字"用户信息（16）磅，加粗）、用户名、爱好"，将表格的背景色改为浅蓝色。
- 添加控件：1 个文本框，1 个标签，1 个命令按钮，4 个复选按钮。
- 设置控件属性：相应控件属性设置见表 3-12。

表 3-12　3-3.aspx 中基本控件属性设置

控件	ID	Text
Text	Txtname	空
Checkbox	chkks	看书
Checkbox	chkps	爬山
Checkbox	chklx	旅行
Checkbox	chkyy	听音乐
Label	lbmessage	lbmessage
Button	Button1	提交

- 编辑后台运行代码：双击"提交"按钮，打开"3-3.aspx.cs"文件，然后在命令按钮 Button1_Click 事件中编写程序代码，代码如下。

```
public partial class c3_3_3 : System.Web.UI.Page
{
    protected void Page_Load(object sender,　EventArgs e)
```

```
        {
        }
        protected void Button1_Click(object sender,   EventArgs e)
        {
            string ah="";
            if (chkks.Checked == true)
                ah = ah + chkks.Text + " ";
            if (chkps.Checked == true)
                ah = ah + chkps.Text + " ";
            if (chklx.Checked == true)
                ah = ah + chklx.Text + " ";
            if (chkyy.Checked==true)
                ah = ah + chkyy.Text + " ";
            lbmessage.Text = Txtname.Text + "的爱好：" + ah;
        }
    }
```

- 运行实施：按 F5 键调试运行。
8. 使用列表类型控件实现数据选择

DropDownList、ListBox、CheckBoxList、RadioButtonList 和 BulletedList 都是列表型控件，它们基本上具有相似的功能，这些控件都有着共同的基类 ListControl。它们之间的继承关系如图 3-12 所示。

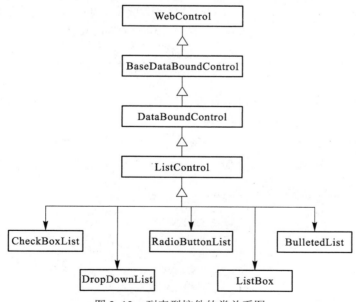

图 3-12　列表型控件的类关系图

（1）常用属性和事件

ListControl 类属性和事件也就是这些列表型控件的公共属性和事件，常用的属性见表 3-13，常用事件见表 3-14。

表 3-13 列表型控件常用属性

属性	说明
DataSource	获取或设置对象，数据绑定控件从该对象中检索其数据项列表
DataTextField	为列表项提供文本内容的数据源字段
DataValueField	为各列表项提供值的数据源字段
Items	列表控件项 ListItem 的集合
SelectedItem	获取列表控件中选中的项，如果有多个选择项，则获取索引最小的选定项
SelectedIndex	获取或设置列表中选定项的最低序号索引
SelectedValue	获取列表控件中选定项的值
AutoPostBack	获取或设置一个值，该值指示当用户更改列表中的选定内容时是否自动产生向服务器的回发

表 3-14 列表型控件常用事件

事件	说明
SelectedIndexChanged	如果列表控件中的选定项发生变化并往服务器端有一个回发时，则触发该事件

列表型控件是由多个列表项 ListItem 组成，表 3-15 列出了 ListItem 的主要属性。

表 3-15 ListItem 控件常用属性

属性	说明
Text	获取或设置列表控件中为 ListItem 所表示的项显示的文本
Value	获取或设置与 ListItem 关联的值
Selected	指示是否选定该列表项

（2）添加列表项方法

下面以 DropDownList 为例来学习列表型控件的用法。拖放一个 DropDownList 控件到页面后，可以通过以下几种方法给其添加列表项。

① 如果 DropDownList 中显示的为静态文本，则可以通过单击其右上角的"编辑项"后，在"ListItem 集合编辑器"中可视化添加，如图 3-13 所示。

图 3-13 可视化添加列表项

② 以通过编码的方式动态添加列表项。

方式 1：

Ddlzhengjian.items.add("身份证");
Ddlzhengjian. items.add("军人证");

方式 2：

listItem.item=new ListItem("身份证"，"0");
ddlzhengjian.Item.add(item);

③ 列表项也可以通过数据绑定来隐式添加

Ddlzhengjian.DataSource=zhengManager.GetAllzhengjian();
Ddlzhengjian.dataTextField="zhengjianName";
Ddlzhengjian.DataValueField="zhengjianId";
Ddlzhengjian.DataBind();

（3）获取列表项方法

① 获取选中项的文本。

Lbmessage.text=Ddlzhengjian.SelectedItem.Text;

② 获取选中项的值方式 1。

Lbmessage.text=Ddlzhengjian.selectedValue;

③ 获取选中项的值方式 2。

Lbmessage.text=Ddlzhengjian.selectedItem.Value;

其他的列表型控件添加列表项和获取列表项的方式和 DropDownList 类似。不过 CheckBoxList 和 RadioButtonList 默认列表项以垂直方式显示，可以通过设置其 RepeatDirection 属性为 RepeatDirection.Horizontal 将其列表项为水平显示，设置其 ReapeatColumns 属性指定要在列表项中显示的列数。ListBox 控件允许单项或多项选择，若要启用多项选择，需要将其 SelectionMode 属性设置为 ListSelectionMode.Multiple。

下面通过实例（3-4.aspx）来练习 DropDownList 控件实现用户所在院校及所在系别的选择。设计界面如图 3-14 所示，运行效果如图 3-15 所示。

图 3-14　用户信息系别选择设计图　　　　　　图 3-15　院系选择效果图

实施步骤：
- 打开站点：网站路径与名称"D:\aspnet"。
- 建立网页：网页名称"3-4.aspx"。
- 插入表格：在对话框输入行数为6，列数为2。
- 编辑表格：合并第1行、第3行和第4行，在表格相应位置输入文字"用户信息（16磅，加粗）、用户名、爱好"，将表格的背景色改为浅蓝色。
- 添加控件：1个文本框，1个标签，1个命令按钮，2个DropDownList按钮。
- 设置控件属性：相应属性设置见表3-16。

表 3-16 控件属性设置

控件	ID	Text	Items
Text	Txtname	空	
DropDownList	ddyx		北京大学 天津大学 南开大学
DropDownList	ddxb		计算机系 环境化学系 工商管理系 建筑工程系
Label	lbmessage	lbmessage	
Button	Button1	提交	

- 编辑后台运行代码：双击"提交"按钮，打开"3-4.aspx.cs"文件，然后在命令按钮Button1_Click事件中编写程序代码，代码如下。

```
public partial class c3_3_4 : System.Web.UI.Page
{
    protected void Page_Load(object sender， EventArgs e)
    {
    }
    protected void Button1_Click(object sender， EventArgs e)
    {
        lbmessage.Text = Txtname.Text + "所在院校为：" + ddyx.Text + "，所在系别：" + ddxb.Text;
    }
}
```

- 运行实施：按F5键调试运行。

9. 完成用户信息录入

实施步骤：
- 打开站点：网站路径与名称"D:\aspnet"。
- 建立网页：网页名称"3-5.aspx"。

- 插入表格：行数为 8，列数为 2。
- 编辑表格：合并第 1 行、第 7 行和第 8 行，在表格相应位置输入文字"用户信息（16 磅，加粗）、用户名、通讯地址"，将表格的背景色改为浅蓝色。
- 添加控件：2 个文本框，1 个标签，1 个命令按钮，2 个 DropDownList 按钮，4 个 Checkbox 按钮，2 个 Radiobutton 按钮。
- 设置控件属性：相应控件属性设置见表 3-17。

表 3-17　3-5.aspx 中基本控件属性设置

控件	ID	Text	TextMode	Items	GroupName
Text	TxtName	空	SingleLine		
Text	Txtdz	空	MultiLine		
Label	lbMessage	lbMessage			
Button	Button1	提交			
DropDownList	Ddsf			北京 河北 河南	
DropDownList	Ddcs			北京 石家庄 唐山 郑州 洛阳	
Checkbox	Chkks	看书			
Checkbox	Chkps	爬山			
Checkbox	Chklx	旅行			
Checkbox	Chkyy	听音乐			
Radiobutton	Radmale	男			Sex
Radiobutton	Radfemale	女			Sex

- 编辑后台运行代码：双击"提交"按钮，打开"3-5.aspx.cs"文件，然后在命令按钮 Button1_Click 事件中编写程序代码，代码如下。

```
public partial class c3_Default : System.Web.UI.Page
{
    protected void Page_Load(object sender,　EventArgs e)
    {
    }
    protected void Button1_Click(object sender,　EventArgs e)
    {
        string sex="";
        if (radmale.Checked == true)
            sex = radmale.Text;
        if (radfemale.Checked == true)
```

```
            sex = radfemale.Text;
        string ah="";
        if (chkks.Checked == true)
            ah = ah + chkks.Text + " ";
        if (chkps.Checked == true)
            ah = ah + chkps.Text + " ";
        if (chklx.Checked == true)
            ah = ah + chklx.Text + " ";
        if (chkyy.Checked==true)
            ah = ah + chkyy.Text + " ";
        lbmessage.Text =   "用户个人信息为：" + "<br>" +
            "姓名：" + Txtname.Text + "<br>" +
            "性别："+sex+"<br>"+
            "爱好："+ah+"<br>"+
            "省份："+ddsf.Text+"<br>"+
            "城市："+ddcs.Text;
    }
}
```

- 运行实施：按 F5 键调试运行。

任务 3.2 用户注册信息验证

【任务描述】

完成用户注册信息的验证及错误信息的集中显示。在注册用户时，要求用户名、密码及邮箱不能为空，两次输入的密码相同及邮箱符合特定的格式。使用验证控件完成相关录入信息的合法性验证，并在表单下方集中显示错误提示信息，运行效果如图 3-16 所示。

图 3-16 验证运行效果图

【任务清单】

① 使用 RequiredFieldValidator 控件。
② 使用 CompareValidator 控件。
③ 设置 RangeValidator 控件。
④ 设置 ValidationSummary 控件。
⑤ 使用 RegularExpressionValidator 控件。
⑥ 使用 CustomValidator 控件。

【任务准备】

知识点1 数据验证的必要性

大多数 Web 应用程序的核心就是数据，对于数据的添加和修改往往涉及用户的操作，难免有用户可能忘记输入表单中的某个重要字段；或者用户手误，输入格式不正确的数据；甚至通过在一个表单文本中输入恶意脚本来蓄意破坏应用程序的安全。可以通过数据验证的方式，尽量减少这些错误的发生。

知识点2 常用数据验证方式

由于 Web 应用程序是基于请求/响应模式的，因此 Web 的数据验证有多种方式。可以在服务器端直接对数据进行验证，也可以编写客户端脚本来实现数据有效性的验证，当这些数据提交给服务器时就经过了验证。在实际的项目开发中，为了安全起见，最好采用双端验证，既需要客户端验证，也需要服务器验证。

（1）使用客户端脚本实现数据验证

为了减少数据验证时浏览器和服务器之间的往返时间，可采用客户端脚本来实现其功能，在浏览器中使用的脚本有很多，如 VBScript、JavaScript 等，但是，这样存在安全隐患，因为脚本在客户端，用户可以任意修改客户端脚本以跳过客户端的验证，还有些浏览器是不支持客户端脚本的验证，这样的数据验证就必须在服务器端进行；并且脚本难于编写，没有较好的调试方式。

（2）后台手写代码验证

后台手写代码验证方式，会引起页面的回传，给用户的感觉效果不好。这种方式主要是提交给服务器去验证，速度较慢，且服务器端的压力较大。例如，网速较慢，用户等了 20s，没收到注册成功的消息，却收到电子邮件格式不正确的提示，这是一件令人不愉快的事情。

（3）使用验证控件

ASP.NET 中提供了一系列的验证控件，为数据验证提供了方便而且安全的方式。通过设置控件属性就可以轻松实现数据验证，更加简单方便，且与用户浏览器无关。验证控件可以实现客户端和服务端双端验证，更加安全。

【任务实施】

1. 使用 RequiredFieldValidator 控件进行非空验证

RequiredFieldValidator 验证控件用来验证目标控件是否有值，确保必填字段不能为空。如注册用户时，用户名要求为必填字段，不能为空。RequiredFieldValidator 控件常用属性见表 3-18。

表 3-18　RequiredField 控件常用属性

属性	说明
ControlToValidate	要验证的输入控件的 ID
Text	如果验证失败，验证控件中显示的错误消息文本
ErrorMessage	如果验证失败，将要显示在 ValidationSummary 控件中的错误消息文本
Display	表示错误消息的显示行为。可能的值有：None 表示不显示验证文本；Static 表示不管消息是否显示，都分配错误消息空间；Dynamic 表示只有当验证失败时，消息的空间才动态地添加到页面中。默认值是 Static
Enabled	表示验证控件是否可用
SetFocusOnError	指示在验证失败时是否将焦点设置到 ControlToValidate 属性指定的控件上。默认值为 False
IsValid	指示关联的输入控件是否通过验证
EnableClientScript	指示是否启用客户端验证
InitialValue	表示和输入控件相关的初始值。也就是说，如果输入控件和这个属性的值相匹配，则验证失败。默认值是空字符串

在用户注册时，使用 RequiredFieldValidator 控件验证用户名是否为空。当用户名未填写信息，单击"保存"按钮时将会出现相应错误提示信息，运行效果如图 3-17 所示。

图 3-17　RequiredFieldValidator 控件验证姓名

实施步骤：
- 打开站点：网站路径与名称"D:\aspnet"。
- 建立网页：网页名称"3-6.aspx"。
- 插入表格：行数为 3，列数为 2。
- 编辑表格：表格背景色：#99cccc；合并第 1 行，输入文字"用户注册（16 磅，加粗）、第 2 行第 1 列输入文字"用户名（16 磅，加粗）；合并第 3 行。
- 添加基本控件：第 2 行第 2 列 1 个文本框，第 3 行 1 个命令按钮。
- 设置基本控件属性：控件相应属性设置见表 3-19。

表 3-19　3-6.aspx 中基本控件属性设置

控件	ID	Text	ErrorMessage
Text	txtusername	空	
Button	Button1	保存	

- 添加验证控件：在文本框后面添加一个 RequiredFieldValidator 控件。
- 设置验证控件属性：验证控件的属性设置见表 3-20。

表 3-20　3-6.aspx 中验证控件属性设置

控件	ID	ErrorMessage	ControlToValidate
RequiredFieldValidator	RequiredFieldValidator1	请输入姓名	txtusername

- 运行实施：按 F5 键调试运行。
2. 使用 CompareValidator 控件进行比较验证

CompareValidator 控件用于验证用户输入的内容是否符合特定的规则。该控件具有如下功能。
- 输入内容和固定值比较。
- 验证输入的值是否是正确的数据类型。
- 输入的内容和另一个控件的值进行比较。

CompareValidator 控件的常用属性见表 3-21。

表 3-21　CompareValidator 控件常用属性

属性	说明
ControlToValidate	要验证的控件 ID
ControlToCompare	要与所验证的控件进行比较的控件 ID
Operator	获取或设置要执行的比较操作，如 DataTypeCheck（只是比较数据类型）、Equal、GreaterThan、GreaterThanEqual、LessThan、LessThanEqual 和 NotEqual
Type	指定要比较的值需匹配的数据类型
ValueToCompare	指定 ControlToValidate 控件要比较的常量值

下面的示例（3-7.aspx）是验证用户注册时两次输入的密码一致，如果密码不一致，则运行效果如图 3-18 所示。

实施步骤：
- 打开站点：网站路径与名称"D:\aspnet"。
- 建立网页：网页名称"3-7.aspx"。
- 插入表格：行数为 5，列数为 2。
- 编辑表格：表格背景色：#99cccc；合并第

图 3-18　CompareValidator 控件验证密码

1 行，输入文字"用户注册（16 磅，加粗）、第 2 行第 1 列输入文字"用户名（16 磅，加粗）；第 3 行第 1 列输入文字"密码（16 磅，加粗）；第 4 行第 1 列输入文字"重复密码（16 磅，加粗）；合并第 5 行。
- 添加基本控件：第 2 行第 2 列 1 个文本框控件；第 3 行第 2 列 1 个文本框；第 3 行 1 个命令按钮。
- 设置基本控件属性：设置相应控件属性见表 3-22。

表 3-22　3-7.aspx 中基本控件属性设置

控件	ID	Text
Text	TxtUserName	空
Text	TxtPwd	空
Text	ReTxtPwd	空
Button	Button1	保存

- 添加验证控件：在 TxtUserName 文本框和 TxtPwd 文本框后各添加 1 个 Required

FieldValidator 控件；在 ReTxtPwd 文本框后添加 1 个 CompareValidator 控件。
- 设置验证控件属性：设置相应控件属性见表 3-23。

表 3-23 3-7.aspx 中验证控件属性设置

控件	ID	Text	ErrorMessage	ControlToValidate
RequiredFieldValidator	RequiredFieldValidator1		请输入姓名	TxtUserName
RequiredFieldValidator	RequiredFieldValidator2		请输入密码	TxtPwd
CompareValidator	CompareValidator1		密码输入不一致	ReTxtPwd

- 运行实施：按 F5 键调试运行。
3. 使用 RangeValidator 控件进行范围验证

RangeValidator 控件是用来验证用户在表单控件中输入的值是否在指定的范围内，验证范围是用最大值（MaximumValue）和最小值（MinimumValue）来确定的。RangeValidator 控件的常用属性见表 3-24。

表 3-24 RangeValidator 控件的常用属性

属性	说明
ControlToValidate	要验证的控件 ID
MinimumValue	指定验证范围的最小值
MaximumValue	指定验证范围的最大值
Type	用于指定要比较的值的数据类型

下面的示例（3-8.aspx）是，在用户注册页面，要求用户输入的年龄值要在一定的范围，如果不在规定范围内，当单击"保存"按钮时将会出现相应错误提示信息，运行效果如图 3-19 所示。

图 3-19 RangeValidator 控件验证年龄

实施步骤：
- 打开站点：网站路径与名称 "D:\aspnet"。
- 建立网页：网页名称 "3-8.aspx"。
- 插入表格：行数为 4，列数为 2。

- 编辑表格：表格背景色：#99cccc；合并第 1 行，输入文字"用户注册"（16 磅，加粗）、第 2 行第 1 列输入文字"用户名"（16 磅，加粗）；第 3 行第 1 列输入文字"年龄"（16 磅，加粗）。
- 添加基本控件：第 2 行第 2 列 1 个文本框控件；第 3 行第 2 列 1 个文本框；第 4 行第 1 列 1 个命令按钮，第 4 行第 2 列一个标签。
- 设置基本控件属性：具体属性设置见表 3-25。

表 3-25　3-8.aspx 中基本控件属性设置

控件	ID	Text
Text	txtusername	空
Text	Txtage	空
Button	Button1	保存
Label	Label1	空

- 添加基本控件：在 txtusername 文本框后添加一个 RequiredFieldValidator 控件，在 Txtage 文本框后添加一个 RangeValidator 控件。
- 设置验证控件属性：具体属性设置见表 3-26。

表 3-26　3-8.aspx 中验证控件属性设置

控件	ID	ErrorMessage	ControlToValidate
RequiredFieldValidator	RequiredFieldValidator1	请输入姓名	txtusername
RangeValidator	RangeValidator	年龄在 0～100 之间	Txtage

- 编辑后台运行代码：双击"保存"按钮，打开"3-8.aspx.cs"文件，然后在命令按钮 Button1_Click 事件中编写程序代码，代码如下。

```
using System;
using System.Data;
using System.Configuration;
using System.Collections;
using System.Web;
using System.Web.Security;
using System.Web.UI;
using System.Web.UI.WebControls;
using System.Web.UI.WebControls.WebParts;
using System.Web.UI.HtmlControls;
public partial class c3_3_8 : System.Web.UI.Page
{
    protected void Page_Load(object sender, EventArgs e)
    {
    }
    protected void Button1_Click(object sender, EventArgs e)
    {
        if (Page.IsValid)
```

```
            Label1.Text = "验证通过";
        }
    }
```

- 运行实施：按 F5 键调试运行。

4. 使用 RegularExpressionValidator 控件进行正则表达式验证

RegularExpressionValidator 控件可以用来检查用户输入的值是否和一个正则表达式所定义的相匹配。正则表达式是定义了一个模式的一组特殊字符。某些特殊的字符串需要进行格式的限制，可以使用正则表达式。如电话号码、邮政编码或 E-mail 地址的格式等。

正则表达式是一种语言，它是由普通字符和元字符组成的文字模式。普通字符也就是用户希望在目标中匹配的字符。元字符是一个特殊符号，它充当正则表达式解析器的一个命令。这些元字符大部分都是以一个转义字符（\）后跟着另一个字符来组成，表 3-27 列出了常用的正则表达式元字符。

表 3-27 常用正则表达式元字符

字符	说明
^	匹配行的开始位置
$	匹配行的结束位置
\n	匹配一个换行符号
\w	匹配任何字符号（包括字母、数字、下划线和汉字）。
\W	匹配任何的非字符号
\s	匹配任意的空白字符，如空格、制表符、换行符、中文全角空格等
\S	匹配任意的非空白字符
\d	匹配任意的数字
\D	匹配任意的非数字字符
*	匹配前面的子表达式零次或多次
+	匹配前面的子表达式一次或多次
?	匹配前面的子表达式零次或一次

能够理解正则表达式最好的方法就是亲自去创建一个正则表达式。例如：

身份证号码：\d{18}|\d{15}

英文字符串：^[A-Za-z]+$

邮政编码：^[1-9]\d{5}$

E-mail 地址：\w+([-+.']\w+)*@\w+([-.]\w+)*\.\w+([-.]\w+)*

可以通过 RegularExpressionValidator 的 ValidationExpression 属性设置需要验证的正则表达式。正则表达式的写法是复杂而又灵活的，用户可以在 ValidationExpression 属性的"正则表达式编辑器"窗口中选择 ASP.NET 提供的常用正则表达式，如图 3-20 所示。

RegularExpressionValidator 控件的常用属性见表 3-28。

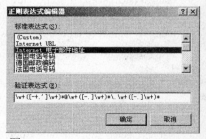

图 3-20 RegularExpressionValidator 控件的正则表达式编辑器

表 3-28 RegularExpressionValidator 控件常用属性

属性	说明
ControlToValidate	要验证的控件 ID
ValidationExpression	需要匹配的正则表达式

下面的示例（3-9.aspx）是，在用户注册页面，要求用户输入正确格式的电子邮箱、身份证号码和固定电话，如果输入不正确，当单击"保存"按钮时将会出现相应错误提示信息，运行效果如图 3-21 所示。

图 3-21 正则表达式验证

实施步骤：
- 打开站点：网站路径与名称"D:\aspnet"。
- 建立网页：网页名称"3-9.aspx"。
- 插入表格：行数为 5，列数为 2。
- 编辑表格：表格背景色：#99cccc；合并第 1 行，输入文字"用户注册"（16 磅，加粗）、第 2 行第 1 列输入文字"电子邮箱"（16 磅，加粗）；第 3 行第 1 列输入文字"身份证号"（16 磅，加粗）；第 4 行第 1 列输入文字"固定电话"（16 磅，加粗）。
- 添加基本控件：3 个文本框，1 个命令按钮，1 个标签。
- 设置基本控件属性：设置相应控件其他属性见表 3-29。

表 3-29 3-9.aspx 中基本控件属性设置

控件	ID	Text
Text	Txtyx	空
Text	Txtsfz	空
Text	Txtdh	空
Label	Label 1	空
Button	Button 1	保存

- 添加验证控件：在 Txtyx、Txtsfz、Txtdh 文本框后面添加 3 个 RegularExpressionValidator 控件。
- 设置验证控件属性：设置相应控件其他属性见表 3-30。

表 3-30 3-9.aspx 中验证控件属性设置

控件	ID	ErrorMessage	ControlToValidate
RegularExpressionValidator	RegularExpressionValidator1	邮箱格式有误	Txtyx
RegularExpressionValidator	RegularExpressionValidator2	身份证号码有误	Txtsfz
RegularExpressionValidator	RegularExpressionValidator3	固定电话格式有误	Txtdh

- 设置验证控件的正则表达式：设置 3 个验证控件的正则表达式见表 3-31。

表 3-31 验证控件属性设置中的正则表达式

控件	ValidationExpression
RegularExpressionValidator1	\w+([-+.']\w+)*@\w+([-.]\w+)*\.\w+([-.]\w+)*
RegularExpressionValidator2	\d{17}[\d|X]|\d{15}
RegularExpressionValidator3	(\(\d{3}\)|\d{3}-)?\d{8}

- 编辑后台运行代码：双击"提交"按钮，打开"3-9.aspx.cs"文件，然后在命令按钮 Button1_Click 事件中编写程序代码，代码如下。

```
using System;
using System.Data;
using System.Configuration;
using System.Collections;
using System.Web;
using System.Web.Security;
using System.Web.UI;
using System.Web.UI.WebControls;
using System.Web.UI.WebControls.WebParts;
using System.Web.UI.HtmlControls;
public partial class c3_3_9 : System.Web.UI.Page
{
    protected void Page_Load(object sender, EventArgs e)
    {
    }
    protected void Button1_Click(object sender, EventArgs e)
    {
        if (Page.IsValid)
            Label1.Text = "验证通过";
    }
}
```

- 运行实施：按 F5 键调试运行。

5. 使用 CustomValidator 实现用户自定义验证

前面所介绍的验证控件只能处理最常见的验证情况。但是有些需要验证类型是这些控件所处理不了的。在这种情况下，可以使用 CustomValidator 控件提供的自定义验证，该控件的验证逻辑是开发人员自己定义的，需要用户自己实现客户端函数或服务器端事件（ServerValidate），客户端验证的脚本函数名称由 CustomValidator 控件的 ClientValidationFunction 属性指定。CustomValidator 控件常常用来根据一个外部源（如数据库）中的某个值验证用户输入。CustomValidator 控件常用属性和事件见表 3-32。

表 3-32 CustomValidator 控件常用属性和事件

属性和事件	说明
ControlToValidate 属性	要验证的控件 ID
ClientValidationFunction 属性	指定用于客户端验证的客户端函数的名称
ServerValidate 事件	在服务器上执行验证时触发

下面的示例（3-10.aspx）是，在页面要求用户输入一个偶数值，如果输入数值不正确，当单击"保存"按钮时将会出现相应错误提示信息，运行效果如图 3-22 所示。

实施步骤：
- 打开站点：网站路径与名称"D:\aspnet"。
- 建立网页：网页名称"3-10.aspx"。
- 插入表格：行数为 2，列数为 2。
- 编辑表格：表格背景色：#99cccc；合并第 1 行，输入文字"用户注册"（16 磅，加粗）、第 2 行第 1 列输入文字"用户名"（16 磅，加粗）；第 3 行第 1 列输入文字"年龄"（16 磅，加粗）。第 4 行第 1 列输入文字"邮箱"（16 磅，加粗）。
- 添加控件：1 个文本框，1 个标签，1 个命令按钮，具体属性设置见表 3-33。

图 3-22 CustomValidator 控件验证效果

表 3-33 3-10.aspx 中基本控件属性设置

控件	ID	Text	Textmode
Text	Txtnum	空	SingleLine
Label	lbmessage	lbmessage	
Button	Button1	提交	

- 添加验证控件：在文本框 Txtnum 后面添加一个 CustomValidator 控件，ControlToValidate 属性设置为 txtnum，ErrorMessage 属性设置为空。
- 编辑 CustomValidator1 后台运行代码：双击"CustomValidator1"按钮，打开"3-10.aspx.cs"文件，在 CustomValidator_servervalidate 事件中编写程序代码，代码如下。

```
using System;
using System.Data;
using System.Configuration;
using System.Collections;
using System.Web;
using System.Web.Security;
using System.Web.UI;
using System.Web.UI.WebControls;
```

```
using System.Web.UI.WebControls.WebParts;
using System.Web.UI.HtmlControls;

public partial class c3_3_10 : System.Web.UI.Page
{
    protected void Page_Load(object sender, EventArgs e)
    {
    }
    protected void CustomValidator1_ServerValidate(object source, ServerValidateEventArgs args)
    {
        int number;
        bool success=int.TryParse(args.Value,out number);
        if (success && number % 2 == 0)
            args.IsValid = true;
        else
            args.IsValid = false;
    }
```

- 双击"提交"按钮,打开"3-10.aspx.cs"文件,在 Button1_Click 事件中编写程序代码,代码如下。

```
protected void Button1_Click(object sender, EventArgs e)
{
    if (Page.IsValid)
        Label1.Text = "验证通过";
    else
        Label1.Text = "请输入偶数";
}
}
```

- 运行实施效果:按 F5 键调试运行。

6. 完成用户注册信息验证
- 打开站点:网站路径与名称"D:\aspnet"。
- 建立网页:网页名称"3-11.aspx"。
- 插入表格:行数为 5,列数为 2。
- 编辑表格:表格背景色:#99cccc;合并第 1 行,输入文字"用户注册"(16 磅,加粗)、第 2 行第 1 列输入文字"用户名"(16 磅,加粗);第 3 行第 1 列输入文字"密码"(16 磅,加粗);第 4 行第 1 列输入文字"重复密码"(16 磅,加粗);第 4 行第 1 列输入文字"年龄"(16 磅,加粗);第 5 行第 1 列输入文字"邮箱"(16 磅,加粗)。
- 添加标准控件:5 个文本框,1 个命令按钮,具体属性见表 3-34。

表 3-34 3-11.aspx 中基本控件属性设置

控件	ID	Text	TextMode
Text	Txtusername	空	SingleLine
Text	Txtpwd	空	Password

续表

控件	ID	Text	TextMode
Text	Txtrepwd	空	Password
Text	Txtage	空	SingleLine
Text	Txtyx	空	SingleLine
Button	Button1	提交	

- 添加在 RequiredFieldValidator 控件。
- Txtusername 后面添加一个 RequiredFieldValidator 控件，设置相应 ErrorMessage 为"输入用户名"，ControlToValidate 为"txtusername"。
- 添加 RequiredFieldValidator 控件。
- 在 Txtpwd 后面添加一个 RequiredFieldValidator 控件，设置相应 ErrorMessage 为"输入密码"，ControlToValidate 为"txtpwd"。
- 添加 CompareValidator 控件。
- 在 Txtrepwd 后面添加一个 CompareValidator，设置 ControlToCompare 为"txtpwd"，设置 ControlToValidate 为"txtrepwd"，ErrorMessage 为"密码不一致"。
- 添加 RangeValidator 控件。

在 Txtage 后面添加一个 RangeValidator，设置 ControlToValidate 为"txtage"，ErrorMessage 为"输入年龄错误"，MaximumValue 为 100，MinimumValue 为 0。

- 添加 RegularExpressionValidator 控件。

在 txtyx 控件后面添加 1 个 RegularExpressionValidator 控件，ErrorMessage 属性设置为"电子邮箱格式有误"，ValidationExpression 属性为"\w+([-+.']\w+)*@\w+([-.]\w+)*\.\w+([-.]\w+)*"。

- 添加 ValidationSummary 控件。

在 button1 后面单元格中添加 ValidationSummary，其 HeaderText 属性为"错误信息列表："，ShowMessageBox 属性为"True"，ShowSummary 属性为"False"。

- 编辑后台运行代码：

双击"提交"按钮，打开"3-11.aspx.cs"文件，在命令按钮 Button1_Click 事件中编写程序代码，代码如下。

```
using System;
using System.Data;
using System.Configuration;
using System.Collections;
using System.Web;
using System.Web.Security;
using System.Web.UI;
using System.Web.UI.WebControls;
using System.Web.UI.WebControls.WebParts;
using System.Web.UI.HtmlControls;
public partial class c3_3_11 : System.Web.UI.Page
```

```
    {
        protected void Page_Load(object sender, EventArgs e)
        {
        }
        protected void Button1_Click(object sender, EventArgs e)
        {
            if (Page.IsValid)
                Label1.Text = "通过验证";
        }
    }
```

- 运行实施：按 F5 键调试运行，运行效果如图 3-16 所示。

【单元小结】

- Label 控件主要用来显示一段不可编辑的文本。TextBox 控件提供了一种向 Web 窗体中输入和显示信息的方法，通过配置其不同的 TextMode 属性，可以将其配置为单行，多行和密码类型。
- Image 控件用来在页面上显示一幅图像。HyperLink 控件主要用于在网页上创建超链接，来实现网站上不同页面之间的跳转。
- RadioButton 控件表示表单中的单选按钮，允许用户从预定义的列表中选择一项。CheckBox 控件用于提供可供用户选择的选项，并将选择的结果提交到后台进行页面逻辑的处理。
- DropDownList、ListBox、CheckBoxList、RadioButtonList 和 BulletedList 都是列表型控件，其具有相似的功能。
- RequiredFieldValidator 验证控件用来验证目标控件是否有值，确保必填字段不能为空。
- CompareValidator 控件用于验证用户输入的内容是否符合特定的规则。
- RangeValidator 控件是用来验证用户在表单控件中输入的值是否在指定的范围内，验证范围是用最大值（MaximumValue）和最小值（MinimumValue）来确定的。
- RegularExpressionValidator 控件可以用来检查用户输入的值是否和一个正则表达式所定义的相匹配。
- ValidationSummary 验证汇总控件用于收集本页面所有的验证控件的 ErrorMessage 属性值，并把它们组织起来集中显示在页面或弹出式消息框中。

单元 4 常用系统对象

通过单元 3 的学习，掌握了 ASP.NET 中常用的基本控件的用法，并通过这些控件的使用体验了 ASP.NET 快速开发的特性。在本单元中将学习 ASP.NET 中常见的系统对象，以及状态保持对象的特点和适用场合，并利用这些系统对象提供的属性和方法来完成特定的功能。

【知识目标】

- 了解 ASP.NET 页面结构。
- 了解 Page 对象的属性、事件、方法。
- 了解 Response 对象的属性、事件、方法。
- 了解 Request 对象的属性、事件、方法。
- 了解 Server 对象的属性、事件、方法。
- 了解 Session 对象的属性、事件、方法。
- 了解 Cookies 对象的属性、事件、方法。

【技能目标】

- 掌握使用 Page 对象实现跨页数据传递的操作。
- 掌握使用 Request 对象和 Response 对象获取数据的操作。
- 掌握使用 Server 对象获取服务器相关信息。
- 掌握使用 Session 对象在服务器端进行用户信息存储的操作。
- 掌握使用 Cookies 对象保存用户所浏览网站的相关信息的操作。

任务 4.1　跨页数据传递

利用跨页回传技术实现网站企业会员信息的注册和确认。

【任务描述】

编写一个"企业会员信息注册"页面，实现如图 4-1 所示的页面，用户输入企业注册信息，单击"完成"按钮，用跨页回传方式跳转到确认页，确认页面显示用户填写的信息，用户确认信息无误后单击"确定"按钮，完成注册。运行效果如图 4-2 所示。

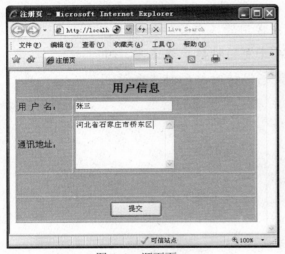

图 4-1　源页面

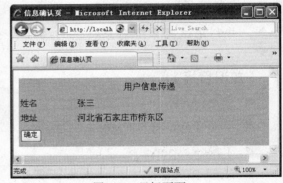

图 4-2　目标页面

【任务清单】

① 编写注册页面。
② 实现注册信息传递。
③ 信息确认。

【任务准备】

知识点 1　系统对象

ASP.NET 提供了一系列的类，在页面中用户可以直接使用这些类，称之为系统对象或内置对象。这些对象提供了相当多的功能，如可以实现页面之间的跳转及数据传递。常用的内置对象有 Page、Request、Reponse、Server、Application、Session、Cookie 等，表 4-1 列出了这些常用对象的用法。

表 4-1　常用系统对象

对象名	说明
Page 对象	指向页面自身的方式。作用域为页面执行期
Request 对象	读取客户端在 Web 请求期间发送的值
Response 对象	封装了页面执行期返回到 HTTP 客户端的输出
Application 对象	作用于整个程序运行期的状态对象
Session 对象	会话期状态保持对象，用于跟踪单一用户的会话
Cookie 对象	客户端保持会话信息的一种方式
Server 对象	提供了处理 Web 请求的各种辅助方法

知识点 2　Page 对象

在 ASP.NET 的运行机制中，页面类继承自 System.Web.UI.Page 类，每一个 ASP.NET 页面对应一个页面类。Page 对象就是页面的实例，在整个页面的执行期内，都可以使用该对象。

（1）页面回传机制

在 ASP.NET 中，回发是浏览器向自身发送信息的过程，也就是请求同一页面向服务器回发信息。以下以提交表单为例了解页面回发的执行过程，如图 4-3 所示。

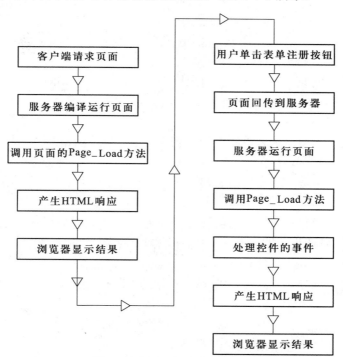

图 4-3　页面回发的执行过程

由于页面回发机制，无论是第 1 次请求页面还是单击按钮引起的页面回发，都会执行页面的 Page_Load 事件。而在 Page_Load 事件中，往往执行的是控件初始化、连库或数据绑定等操作，然而这些操作在第 1 次请求页面时需要执行，而由于事件回传造成的页面回发，因为第 1 次请求已经初始化过了，所以无需再次初始化，如果不处理会导致页面的执行效率降低或有可能导致错误的结果。可以利用页面对象的 IsPostBack 属性就来判断页面是回发还是首次加载。假如是回发，IsPostBack 的值为 true，否则为 false。

（2）页面的生命周期

当 ASP.NET 页面运行的时候，它要经过一系列的处理步骤，这些步骤组成了它的生命周期。这些步骤包括初始化、实例化控件、恢复和维持状态信息、运行事件处理代码和呈现等。了解页的生命周期很重要，这样就能够在合适的生命周期阶段编写代码，以达到预期的效果。一般来说，ASP.NET 中页执行过程要经过以下几个阶段，如图 4-4 所示。

ASP.NET 页面生命周期的详细执行过程及页面事件的触发顺序如下：

① 用户请求一个 ASP.NET Web 页面。

② 在服务器上，运行该页面并执行如编译等所有预备进程，以及调用作为页面和应用程序生命周期一部分的其他处理器（页面初始化 Page_PreInit 和 Page_Init 事件被调用）。

③ 调用页的 Page_Load 事件。

④ 最终结果是生成 HTML 响应，该响应将发送给浏览器。

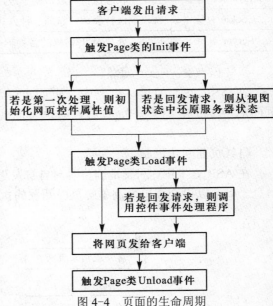

图 4-4　页面的生命周期

⑤ 浏览器显示 HTML 响应。

⑥ 用户填充表单，然后让表单回传给自己（可通过单击按钮），如果用户单击一个请求指向不同页面的链接，以下步骤将不会进行，将返回到①。

⑦ 页面回传给服务器，通常使用 HTTP POST 方法。带有视图状态信息的任何表单值都将作为 HTTP 表单变量一起发送。

⑧ 在服务器上，运行页面（不再需要编译因为第 1 次请求时已编译过了）。在 Page_Load 之前，如果是一个回发请求，控件属性从控件状态和视图状态中恢复。

⑨ 调用页面 Page_Load 事件。

⑩ 调用的控件事件处理程序，如 Button 控件的 Click 事件或 TextBox 控件的 TextChanged 事件。

⑪ 在页面显示之前，会针对该页和所有控件保存视图状态。

⑫ 生成的 HTML 结果送回给浏览器显示。

⑬ 对页面使用过的资源进行最后的清除和处置，页面的 Page_Unload 事件被调用。

（3）跨页回传

尽管对于大多数的页面来说，默认是向本页面进行回发。但有些时候用户希望向一个不同的页面进行回发。在源页面中，可以使用按钮类控件的 PostBackUrl 属性实现跨页面传送数据，该属性允许用户指定将要处理回发的页面。代码如下：

<asp:ButtonID="btnSubmit" runat="server" Text="提交" PostBackUrl="~/跨页回传/Target.aspx"/>

在目标页面中，可以访问该页面上控件的内容。在目标页面访问源页面中的控件，使用代码如下：

this.PreviousPage.FindControl("源页面控件 ID");

在此代码中，在目标页面中使用 Page 对象的 PreviousPage 属性，可以获取源页面 Page 对象的一个引用，然后再利用页的 FindControl 方法通过源页面的控件 ID 找到相应的控件对象。

【任务实施】

- 打开站点：网站路径与名称"D:\aspnet"。
- 在资源管理器的项目中建立文件夹 c4。
- 在 c4 中建立源网页：网页名称"4-1.aspx"，具体布局如图 4-1 所示。
- 在 c4 中建立目标网页：网页名称为"4-2.aspx"。
- 设置 4-1 图中的"确定"按钮的属性。

<asp:ButtonID="Button1" runat="server" Text="提交"Width="95px" Height="29px" PostBackUrl="~/c4/4-2.aspx"/>

- 关键代码。

```
using System;
using System.Data;
using System.Configuration;
using System.Collections;
using System.Web;
using System.Web.Security;
using System.Web.UI;
using System.Web.UI.WebControls;
using System.Web.UI.WebControls.WebParts;
using System.Web.UI.HtmlControls;
public partial classc4_4_2:System.Web.UI.Page
{
protected void Page_Load(object sender,EventArgs e)
{
if(this.PreviousPage!=null)
{
if(this.PreviousPage.IsCrossPagePostBack)
{
TextBox txtname=this.PreviousPage.FindControl("txtname")as TextBox;
TextBox txtdz=this.PreviousPage.FindControl("txtdz")as TextBox;
```

```
if(txtname!=null)
Label1.Text=txtname.Text;
if(txtdz!=null)
Label2.Text=txtdz.Text;
        }
    }
  }
}
```

任务 4.2　使用 Request 对象和 Response 对象获取数据

【任务描述】

编写一个"企业会员信息注册"页面，实现如图 4-5 所示的页面，用户输入注册信息，单击"提交"按钮，第 2 个页面用 Request 对象的 QueryString 属性接收用户注册信息。运行效果如图 4-6 所示。

图 4-5　发出 Get 请求的页面

图 4-6　目标接收页

【任务清单】

① 编写用户注册信息页面。
② 使用 Request 对象获取用户注册信息。
③ 使用 Response 对象输出用户注册信息。

【任务准备】

知识点 1　Request 对象属性

利用 Request 对象，能够读取客户端在 Web 请求期间发送的 HTTP 值，如发出请求的浏览器信息，查询字符串或表单参数，IP 地址等。该对象对应的是 HttpRequest 类。表 4-2 列出了 Request 对象的常用属性。

表 4-2　Request 对象常用属性

属性	说明
QueryString	获取客户端发送的查询字符串变量的集合，主要用于收集 Get 请求发送的数据
Form	主要用于收集 Post 方式发送的表单数据的集合
ServerVariables	获取 Web 服务器变量的集合，此集合包含了服务器和客户端的系统信息
Cookies	获取客户端发送的 Cookie 的集合
Params	获取 QueryString、Form、ServerVariables 和 Cookies 项的集合。该方法需要在最大范围内寻找匹配的项，相对而言效率较低
Browser	获取或设置有关正在请求的客户端的浏览器功能的信息
UserHostName	获取远程客户端的 DNS 名称
UserHostAddress	获取远程客户端的 IP 主机地址

（1）QueryString 属性

QueryString 属性获取客户端发送的查询字符串变量的集合，主要用于收集 Get 请求发送的数据。

（2）Form 属性

Form 属性主要用于收集 Post 方式发送的表单数据的集合。例如，在表单提交时以 Post 方式发出的请求，代码如下：

```
<formid="form1" method="post" action="FormReceive.aspx">
<inputname="txtName" type="text"/>
</form>
```

则目标页面"目标页名.aspx"中可以用 Request 对象的 Form 属性接收请求页面发送的值。

stringname=Request.Form["txtName"];

（3）ServerVariables 属性

获取 Web 服务器变量的集合，此集合包含了服务器和客户端的系统信息。
获取客户端浏览器的版本信息。

Request.ServerVariables["HTTP_USER_AGENT"]

获取当前客户端浏览器使用的语言。

Request.ServerVariables["HTTP_ACCEPT_LANGUAGE"]

获取服务器的 IP 地址或主机名。

Request.ServerVariables["Server_Name"]

获取可执行脚本的虚拟路径。

Request.ServerVariables["Script_NAME"]

获取请求对象的 IP 地址。

Request.ServerVariables["Remote_ADDR"]

（4）Browser 属性

利用 Request 对象的 Browser 属性，可以获取或设置有关正在请求的客户端浏览器功能的信息。例如：

Request.Browser.Type：获取浏览器的名称和主（整数）版本号。
Request.Browser.Version：以字符串形式获取浏览器的完整版本号。
Request.Browser.Platform：获取客户端使用的平台的名称。
Request.Browser.Cookies：获取浏览器是否支持 Cookie。
Request.Browser.Frames：指示浏览器是否支持 HTML 框架。

知识点 2　使用 Response 对象输出数据

Response 对象表示当前请求的服务器的 HTTP 响应。该对象使得将 HTTP 响应数据发送到客户端，并包含有关该响应的信息。该对象对应的是 HttpResponse 类。表 4-3 列出了 Response 对象的常用属性和方法。

表 4-3　Response 对象常用属性和方法

属性或方法	说明
Cookies 属性	作为响应的一部分发送给浏览器的 Cookie 集合
Write 方法	向 HTTP 响应流写入信息
Redirect 方法	将请求重定向到一个新的页面
End 方法	将当前所有缓冲的输出发送到客户端，并停止该页的执行

（1）Redirect 方法

Redirect 方法用来将请求重定向到一个新的页面，也就是用来实现页面跳转，代码如下。

Response.Redirect("~/Default.aspx");
Response.Redirect("http://www.sina.com");

（2）Write 方法

Write 方法可以输出指定的文本内容，代码如下。

Response.Write("欢迎你，毛毛！ ");

Response.Write("<script>alert('你好，毛毛！');</script>");

【任务实施】

- 打开站点：网站路径与名称"D:\aspnet"。
- 打开文件夹 c4。
- 在 c4 中建立源网页：网页名称"4-3.aspx"。
- 在 c4 中建立目标网页：网页名称为"4-4.aspx"。
- 设置"4-3.aspx"页面的属性。

```
<formid="form1" runat="server" method="post" action="4-4.aspx">
```

- 编写"4-3.aspx"页面中"提交"按钮的代码。

```
using System;
using System.Data;
using System.Configuration;
using System.Collections;
using System.Web;
using System.Web.Security;
using System.Web.UI;
using System.Web.UI.WebControls;
using System.Web.UI.WebControls.WebParts;
using System.Web.UI.HtmlControls;
public partial classc3_3_1:System.Web.UI.Page
{
protected void Page_Load(object sender,EventArgs e)
{
}
protected void Button1_Click(object sender,EventArgs e)
{
string name=Txtname.Text;
string pwd=Txtpwd.Text;
if(name=="admin"&&pwd=="admin")
{
string tr="4-4.aspx?name="+name+"&pwd="+pwd;
Response.Redirect("4-4.aspx");
}
}
}
```

- 编写"4-4.aspx"页面的代码：打开隐藏类文件"4-4.aspx.cs"，代码如下。

```
public partial classc4_4_4:System.Web.UI.Page
{
protected void Page_Load(object sender,EventArgs e)
```

```
{
stringname=Request.QueryString["name"];
stringpwd=Request.QueryString["pwd"];
Response.Write("欢迎您"+name+"<br>");
Response.Write("您的密码是"+pwd);
}
}
```

任务 4.3 使用 Server 对象

【任务描述】

利用 Server 对象的 MapPath 方法取出服务器站点的本地目录、当前虚拟目录和当前网页的实际路径,实际运行效果如图 4-7 所示。

图 4-7 Server 对象方法的使用

【任务清单】

① 使用 Server 对象获取服务器站点本地目录。
② 使用 Server 对象获取服务器站点的虚拟目录。
③ 使用 Server 对象获取当前网页的实际路径。

【任务准备】

知识点 1 Server 对象的属性

Server 对象提供了处理 Web 请求的各种辅助方法,该对象对应的是 HttpServerUtility 类的实例。表 4-4 列出了 Server 对象常用的属性。

表 4-4 Server 对象的常用属性

属性	说明
MachineName 属性	获取服务器的计算机名称
ScriptTimeOut 属性	获取或设置脚本的最长执行时间

知识点 2　Server 对象的方法

表 4-5 列出了 Server 对象常用的方法。

表 4-5　Server 对象的常用方法

方法	说明
HtmlEncode 方法	对字符串进行 HTML 编码并返回已编码的字符串
HtmlDecode 方法	对 HTML 编码的字符串进行解码，并返回已解码的字符串
UrlEncode 方法	对字符串进行 URL 编码，并返回已编码的字符串
UrlDecode 方法	对字符串进行 URL 解码，并返回已解码的字符串
MapPath 方法	返回与 Web 服务器上的指定虚拟路径相对应的物理文件路径
Execute 方法	停止执行当前页面并且开始执行指定的页面，执行完成后继续执行本页面
Transfer 方法	停止执行当前页面并且开始执行指定的页面，而控制权不再返回先前的页面

（1）HtmlEncode 和 HtmlDecode

HtmlEncode 方法有助于确保用户提供的所有字符串输入将作为静态文本显示在浏览器中，而不是作为可执行脚本或 HTML 元素进行呈现。例如
默认情况下解析为换行，而如果想在页面上原样输出，可以使用此方法，代码如下。

Response.Write("<B>测试</B>表示用粗体显示");

页面输出结果为：**测试**表示用粗体显示。

如果<B>标记原样显示在页面中，可以使用以下代码。

Response.Write(Server.HtmlEncode("<B>测试</B>表示用粗体显示"));

页面的输出结果为：<B>测试</B>表示用粗体显示。

HtmlDecode 的作用与 HtmlEncode 相反，是对已编码的内容解码。

（2）UrlEncode 和 UrlDecode 方法

URL 编码确保所有浏览器均能正确地传输 URL 字符串中的文本。某些浏览器可能会截断或破坏问号（?）、"与"符号（&）、斜杠（/）和空格这样的字符。因此，这些字符必须在<a>标记或查询字符串中进行编码，在查询字符串中编码时，浏览器能以请求字符串的形式重新发送这些字符串。

对字符串进行 URL 编码，然后将其发送到浏览器客户端，代码如下。

stringtargetUrl="Target.aspx?name="+Server.UrlEncode("ASP.NET&JSP");
Response.Redirect(targetUrl);

UrlDecode 的作用与 UrlEncode 方法相反，是对已进行 URL 编码的串进行解码。

（3）MapPath 方法

返回与 Web 服务器上的指定虚拟路径相对应的物理文件路径，获取根目录下 MapPathTest.aspx 所在的物理路径，代码如下。

Server.MapPath("~/MapPathTest.aspx")

它返回文件的物理路径为"D:\ServerTest\MapPathTest.aspx"。

以下代码可以获取根目录所在的物理路径。

Server.MapPath("~/")

它返回的根目录所在的物理路径为"D:\ServerTest\"。

（4）Transfer 和 Execute 方法

这两个方法和前面学过的 Response 对象的 Redirect 方法都提供了以编程方式来切换到另一个页面的方式。常用的语法如下。

Server.Transfer("HtmlEncodeTest.aspx");
Server.Execute("HtmlEncodeTest.aspx");
Response.Redirect("HtmlEncodeTest.aspx");

三种页面转向方式的区别如下。

使用 Response.Redirect 方法时重定向操作发生在客户端，总共涉及两次与服务器的通信，用户在浏览器的地址栏中可以看到新请求页面的 URL 地址。

Server.Transfer 方法把执行流程从当前的 ASPX 文件转到同一服务器上的另一个 ASPX 页面。调用 Server.Transfer 时，当前的 ASPX 页面终止执行，执行流程转入另一个 ASPX 页面，但新的 ASPX 页面仍使用前一 ASPX 页面创建的应答流。如果用 Server.Transfer 方法实现页面之间的导航，浏览器中的 URL 不会改变，因为重定向完全在服务器端进行，浏览器根本不知道服务器已经执行了一次页面变换。

Server.Execute 方法允许当前的 ASPX 页面执行同一 Web 服务器上的指定 ASPX 页面，当指定的 ASPX 页面执行完毕，控制流程重新返回原页面发出 Server.Execute 调用的位置。

【任务实施】

- 打开站点：网站路径与名称"D:\aspnet"。
- 打开文件夹 c4。
- 在 c4 中建立源网页：网页名称"4-5.aspx"。
- 编写代码：打开隐藏类文件"4-5.aspx.cs"，编写如下代码。

```
public partial classc4_4_5:System.Web.UI.Page
{
protected void Page_Load(object sender,EventArgs e)
{
Response.Write("当前虚拟的目录："+Server.MapPath("./")+"<Br>");
Response.Write("当前网页的实际路径："+Server.MapPath(Request.FilePath));
}
}
```

任务 4.4　使用 Session 对象在服务器端进行用户信息存储

【任务描述】

利用 Session 存储用户的登录信息，如用户名、密码等，来进行身份权限的验证。要求输入在"4-6.aspx"页面输入正确的用户名"admin",密码"admin"后,能够成功跳转到"4-7.aspx"欢迎页面。运行效果如图 4-8 和图 4-9 所示。

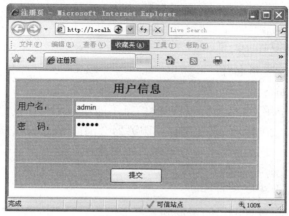

图 4-8　登录页面

图 4-9　正确登录后的效果

【任务清单】

① 编写用户登录信息页面。
② 使用 Session 对象存储用户登录信息到服务器。

【任务准备】

知识点 1　Session 功能

在实际的应用开发中,经常遇到要求从一页面传递数值到另外一个页面的情况。如果两个页面没有直接链接关系,而 HTTP 协议本身是无状态的,那么这两个页面如何实现数据传递呢？如在登录模块中,用户在登录界面输入登录信息,之后在其他页面中要获取当前登录用户的信息（其他页面和登录页面没有直接链接关系）,可以使用状态保持对象 Session、Cookie、Application 来进行数据传递。

HTTP 是一种无状态协议。这意味着 Web 服务器将会针对页面的每个 HTTP 请求作为独立的请求进行处理。利用 Session 对象可以用于存储用户的信息,此信息将在用户会话期间保留,当用户在同一应用程序中从一页面浏览到另一个页面时,存储在 Session 对象中的变量不会被丢弃。Session 变量会在用户放弃会话或会话超时的时候被清除。

通过定义 Session 变量，可以使该用户在会话期间在 Web 应用程序的所有页面中共享数据。Session 也是集合，Session 变量集合按变量名称或整数索引来进行索引。可通过按照名称引用会话变量来创建会话变量，而无需声明会话变量或将会话变量显式添加到集合中。

Session 变量基本用法如下。

赋值：Session["变量名"]=值

取值：变量=Session["变量名"]

Session 对象的特点如下。

Session 对象包含某个用户特定的信息，此信息不能由应用程序的其他用户访问。

当会话过期（一般为 20 min）或终止时，服务器会清除 Session 对象。

在会话期间，Session 变量存储在服务器端，相对来说比较安全。但如果存储大量信息，当站点访问量大时，将会影响服务器的性能。

知识点 2 Session 属性和方法

表 4-6 列出了 Session 对象常见的属性和方法。

表 4-6 Session 对象常见的属性和方法

属性和方法	说明
SessionID 属性	用户会话的唯一标识符，它用于在整个会话过程中记录用户信息
TimeOut 属性	获取并设置用户会话超时时间，以 min 为单位。该属性指定了 Session 对象在释放资源以前能够保持闲置的持续时间。如果用户在一段时间内没有操作，服务器是无法知道用户是否还在线，如果设置了超时属性，则超过此时间会释放该用户在服务器的资源。默认为 20 min，用户可以根据需要利用 TimeOut 属性改变超时时间，也可以通过配置文件更改会话超时时间
Clear 方法	从会话状态集合中移除所有的键和值
Abandon 方法	结束当前会话。调用此方法可以避免用户在退出应用程序后长时间占用服务器资源

【任务实施】

- 打开站点：网站路径与名称"D:\aspnet"。
- 打开文件夹 c4。
- 在 c4 中建立登录网页：网页名称"4-6.aspx"，添加相应控件。
- 在 c4 中建立跳转网页：网页名称"4-7.aspx"，在网页上添加 Linkbutton 控件。
- 编写按钮代码：双击"4-6.aspx"网页中"提交"按钮，编写如下代码。

```
protected void Button1_Click(object sender,EventArgs e)
{
if(Txtname.Text=="admin"&&Txtpwd.Text=="admin")
{
Session.Add("username",Txtname.Text);
Session.Add("password",Txtpwd.Text);
Response.Redirect("4-7.aspx");
}
```

}

- 编写"4-7.aspx"页面代码：打开"4-7.aspx.cs"隐藏类文件，编写如下代码。

```
public partial classc4_4_7:System.Web.UI.Page
{
protected void Page_Load(object sender,EventArgs e)
{
if(System.Convert.ToString(Session["username"])=="admin"&&System.Convert.ToString(Session["password"])
=="admin")
{
Response.Write("欢迎访问本站"+Session["username"]);
LinkButton1.CommandName="logout";
LinkButton1.Text="退出";
}
else
{
Response.Write("无权访问，请重新登录");
LinkButton1.CommandName="login";
LinkButton1.Text="登录";
}
}
```

- 编写"4-7.aspx"页面中按钮代码：双击 Linkbutton1 按钮，编写如下代码。

```
protected void LinkButton1_Click(object sender,EventArgs e)
{
if(LinkButton1.CommandName=="logout")
{
Session.Clear();
Session.Abandon();
}
else
{
Response.Redirect("4-6.aspx");
}
}
```

任务 4.5　使用 Cookie 在客户端保存用户信息

【任务描述】

用户在登录页面填写用户名和密码，如图 4-10 所示，登录成功后使用 Cookie 保存用户登录的用户名和登录时间，有效期为一个月。并在欢迎页面显示用户登录信息，运行效果如图 4-11 所示。

图 4-10　用户登录界面

图 4-11　登录成功

【任务清单】

① 编写用户登录信息页面。
② 使用 Cookie 存储用户登录信息到客户端。

【知识准备】

知识点 1　Cookie 分类

Session 是在服务器端保存用户的信息，而 Cookie 则在客户端保存用户的个人信息。Cookie 可分为两类。

（1）会话 Cookie

仅在浏览器的处理过程中保留的 Cookie 称为会话 Cookie，这种 Cookie 是临时的，当关闭浏览器后，会话 Cookie 会消失。

（2）永久 Cookie

永久性 Cookie 一般保存在硬盘上形成 Cookie 文件，但用户可以根据需要设置固定的过期日期，可以设置几天，几个月甚至几年。

知识点 2　Cookie 的使用方法

（1）写入 Cookie

Response.Cookies["Cookie 变量名"].Value=值；

（2）读取 Cookie

string 变量=Request.Cookies["Cookie 变量名"].Value;
也可以用以下代码来创建 Cookie。

HttpCookie UserName=new HttpCookie("Cookie 变量名",值);
Response.Cookies.Add(UserName);

以上代码创建的 Cookie 为临时 Cookie，若创建永久 Cookie，需用 Expires 属性指定 Cookie 过期值。

HttpCookie LoginDate=new HttpCookie("Cookie 变量名",值);
LoginDate.Expires=DateTime.Now.AddDays(1);//指定 Cookie 的过期值
Response.Cookies.Add(LoginDate);

知识点 3　Cookie 的常用属性

表 4-7 列出了 Cookie 的常用属性。

表 4-7　Cookie 常用属性

属性	说明
Name	Cookie 变量的名称
Value	获取或设置单个 Cookie 值
Expires	获取或设置此 Cookie 的过期日期和时间

使用 Cookie 时应考虑以下限制。
- 由于 Cookie 存储在客户端，相对来说不安全。
- 其使用受客户端浏览器的限制，若客户端浏览器禁用 Cookie，则其存储功能将不能使用。
- 大多数浏览器对 Cookie 的大小是有限制的，一般不超过 4KB。
- 鉴于 Cookie 使用时的限制，一般用其存储非敏感性信息，如用户登录的时间及次数，用户的个性化定制等。

【任务实施】

- 打开站点：网站路径与名称"D:\aspnet"。
- 打开文件夹 c4。
- 在 c4 中建立登录网页：网页名称"4-8.aspx"，添加相应控件。
- 在 c4 中建立跳转网页：网页名称"4-9.aspx"。
- 编写"4-8.aspx"页面按钮代码：双击"4-8.aspx"网页中"提交"按钮，编写如下代码。

```
protected void Button1_Click(object sender,EventArgs e)
{
if(txtname.Text=="admin"&&txtpwd.Text=="admin")
```

```
{
HttpCookie username=new HttpCookie("username",txtname.Text);
username.Expires=DateTime.Now.AddMonths(1);
Response.Cookies.Add(username);
HttpCookie logindate=new HttpCookie("logindate",DateTime.Now.ToShortDateString());
logindate.Expires=DateTime.Now.AddMonths(1);
Response.Cookies.Add(logindate);
Response.Redirect("4-9.aspx");
}
else
{
ClientScript.RegisterStartupScript(this.GetType(),"","<script>alert('用户名或密码错误！');");
}
}
```

- 编写"4-9.aspx"页面代码：打开"4-9.aspx.cs"隐藏类文件，编写如下代码。

```
protected void Page_Load(object sender,EventArgs e)
{
if(Request.Cookies["username"]!=null)
{
Label1.Text="欢迎"+Request.Cookies["username"].Value+"<br>";
}
if(Request.Cookies["logindate"]!=null)
{
Label1.Text+="您的登录时间为："+Request.Cookies["logindate"].Value;
}

}
```

【单元小结】

- 常用的内置对象有 Page、Request、Reponse、Server、Application、Session、Cookie 等。
- 利用 Request 对象，能够读取客户端在 Web 请求期间发送的 HTTP 值，如发出请求的浏览器信息、查询字符串或表单参数、IP 地址等。该对象对应的是 HttpRequest 类。
- Response 对象表示当前请求的服务器的 HTTP 响应。该对象使得将 HTTP 响应数据发送到客户端，并包含有关该响应的信息。该对象对应的是 HttpResponse 类。
- Server 对象提供了处理 Web 请求的各种辅助方法，该对象对应的是 HttpServerUtility 类的实例。
- 使用 Session，Cookie，Application 对象进行数据传递，但要根据这些对象各自的特点在合适的场合使用它们。

单元 5
访问数据库

网站上的数据基本都是动态的，大量的数据存放在数据库服务器中，当用户需要的时候要从服务器中调取相关数据。使用 ASP.NET 技术能实现这种数据库的访问，但是需要依靠两类服务器控件：数据源控件和数据绑定控件。数据源控件负责连接和访问数据库，而数据绑定控件负责把从数据库中获取的数据显示出来。本单元将学习常用的数据绑定方式和数据源控件的用法，实现对数据库中数据的操作。

【知识目标】
- 了解 ASP.NET 连接数据库的原理。
- 了解数据源控件的分类。
- 了解数据源控件的使用方式。
- 了解数据绑定控件的使用方式。

【技能目标】
- 掌握通过 SqlDataSource 控件连接 SQL Server 数据库的方法。
- 掌握通过 GridView 控件实现数据列表显示。
- 掌握使用 DataReader 对象读取数据的方法。
- 掌握使用 DataAdapter 和 DataSet 对象完成数据读取和操作的方法。
- 掌握应用 DetailsView 控件实现数据列表显示。

任务 5.1　使用数据源控件实现数据库连接

【任务描述】

通过 SqlDataSource 控件连接 SQL Server 数据库 stu。

【任务清单】

① 使用 SqlDataSource 控件。
② 配置数据源。
③ 连接数据库。

【任务准备】

在页面上显示单个记录的查询结果，可以通过在页面上放置合适的 Label 来实现，但如果查询结果是列表，这样显示就显得很麻烦。ASP.NET 提供了丰富的数据源控件和数据绑定控件，充分利用这些控件，可以大大减少编程的代码，达到事半功倍的效果。

知识点 1　数据源控件分类

数据源控件允许用户使用不同类型的数据源，如数据库、XML 文件或中间层业务对象。数据源控件连接到数据源，从中检索数据，并使得其他控件可以绑定到数据源而无需代码，而且数据源控件还支持修改数据。数据源控件不呈现任何用户界面，而是充当特定数据源（如数据库、业务对象或 XML 文件）与 ASP.NET 网页上的其他控件之间的中间方。数据源控件和数据源（如数据库）的交互过程如图 5-1 所示。

ASP.NET 支持多种数据源控件，这些数据源控件列在工具箱中，如图 5-2 所示。

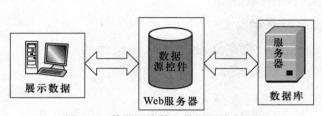

图 5-1　数据源控件和数据源的交互

图 5-2　数据源控件

表 5-1 列出了 ASP.NET 常用的数据源控件。

表 5-1 数据源控件

数据源控件	说明
AccessDataSource	提供对 Microsoft Access 数据库的简单访问，其继承自 SqlDataSource
SqlDataSource	提供对使用 SQL 的数据库的访问，如 Microsoft SQL Server、OLE DB、ODBC 或 Oracle 数据库
ObjectDataSource	允许使用业务对象或其他类，以及创建依赖中间层对象管理数据的 Web 应用程序
XmlDataSource	提供对 XML 文档的访问，特别适用于分层的 ASP.NET 服务器控件，如 TreeView 或 Menu 控件
SiteMapDataSource	供站点导航控件来访问基于 XML 的站点地图文件
LinqDataSource	可以使用语言集成查询（LINQ），从数据对象中检索和修改数据
EntityDataSource	允许绑定到基于实体数据模型（EDM）的数据

知识点 2 数据绑定方法

尽管用户可以使用解析为一个值的任何表达式进行数据绑定，但在大多数情况下，还是绑定到某些类型的数据源，最常见的是查询结果集。为了简化此类型的数据绑定，ASP.NET 提供了相关的绑定方法。

（1）Eval 方法

可以使用 Eval 方法完成查询结果集的字段绑定。基本用法为"<%# Eval("字段名") %>"。

`<asp:TextBox ID="txtName" runat="server" Text='<%# Eval("Name") %>' />`

当要再次对表达式进行操作时，可以使用"<%# Eval("字段名").ToString().Trim()%>"。
Eval 方法以数据字段的名称作为参数，从数据源的当前记录返回一个包含该字段值的字符串，可以提供第 2 个参数来指定返回字符串的格式，代码如下：

`<asp:Label ID="lblDate" runat="server" Text='<%#Eval("BirthDate","{0:yyyy-MM-dd}") %>'>`
`    </asp:Label>`
`<asp:Image ID="imgBook" runat="server"`
`ImageUrl ='<%#Eval("Picture","~/images/{0}") %>'/>`

（2）Bind 方法

ASP.NET 支持双向的数据绑定。也就是说，ASP.NET 既能把数据绑定到控件，又能把数据变更提交到数据库。Eval 方法代表一种单向的数据绑定，它实现了数据读取的自动化，但没有实现数据写入自动化。Bind 方法与 Eval 方法有一些相似之处，但也存在很大的差异。Bind 方法提供了数据的双向绑定，即可以像使用 Eval 方法一样使用 Bind 方法来检索数据绑定字段的值，但当数据可以被修改时，使用 Bind 方法可以将修改后的数据提交到数据库中。

`<asp:TextBox ID="txtName" runat="server" Text='<%# Bind("Name") %>' />`

在 ASP.NET 中，数据绑定控件（如 GridView、DetailsView 和 FormView 控件）可使用数据源控件的更新、删除和插入操作。例如，如果已为数据源控件定义了 SQL Select、Insert、Delete 和 Update 语句，则通过使用 GridView、DetailsView 或 FormView 控件模板中的 Bind 方法，就可以使控件从模板中的子控件中提取值,并将这些值传递给数据源控件,然后数据源控件将执行适当的数据库命令。出于这个原因,在数据绑定控件的 EditItemTemplate 或 InsertItemTemplate 中一般使用 Bind 方法。

Bind 方法通常与输入控件一起使用,例如由编辑模式中的 GridView 行所呈现的 TextBox 控件。当数据绑定控件将这些输入控件作为自身呈现的一部分创建时,该方法便可提取输入值。

【任务实施】

- 打开站点:网站路径与名称为"D:\aspnet"。
- 建立文件夹:文件夹名称为"c5"。
- 建立网页:网页名称为"5-1.aspx"。
- 添加数据源控件:1 个数据类控件 SqlDataSource。
- 进行数据源配置:在图 5-3 中选择"配置数据源"

选项,在图 5-4 中单击"新建连接"按钮,在图 5-5 中选择"Microsoft SQL Server 数据库文件",然后单击"继续"按钮,在图 5-6 中单击数据库文件名右侧的"浏览"按钮,在图 5-7 找到数据库文件"stu_Data.MDF",然后单击"打开"按钮。

图 5-3　选择配置源

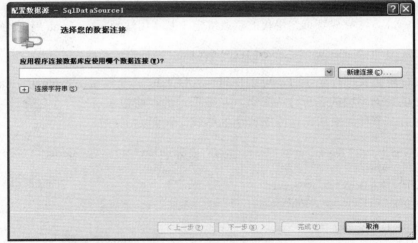

图 5-4　数据连接

图 5-5　选择数据源

图 5-6　选择数据文件

图 5-7　选择数据库文件

- 测试连接：找到数据库文件后会返回到图 5-6 中，登录服务器方式选择"使用 Windows 身份验证"单选按钮，然后单击"测试连接"按钮，如果成功将弹出"连接成功"提示框，如图 5-8 所示，然后单击"确定"按钮关闭提示框。

- 保存配置文件：测试成功后单击"下一步"按钮，在打开的图 5-9 中输入连接字符串名称，然后单击"下一步"按钮，在打开的图 5-10 中选择查询 student 表中的列（*号代表所有列），然后单击"下一步"按钮，在打开的图 5-11 中单击"测试查询"按钮，将会列出表中所有数据，单击"完成"按钮，完成配置。

图 5-8　连接成功

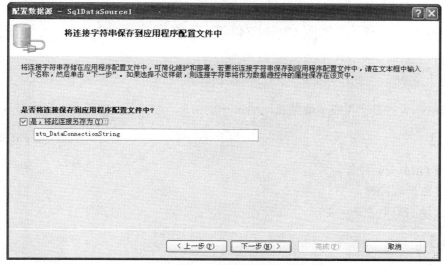

图 5-9　保存连接字符串

80 动态网页设计（ASP.NET）

图 5-10 选择表中的字段

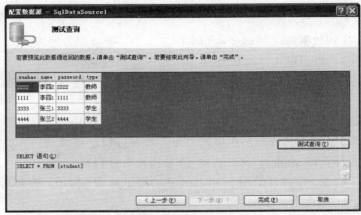

图 5-11 查询表中字段

任务 5.2 使用数据绑定控件实现数据表的格式化分页显示

【任务描述】

通过 GridView 控件实现显示数据表 student 中的信息，使用彩色型格式，每页显示两条记录。

【任务清单】

① 配置 GridView 控件。
② 绑定数据源控件。
③ 分页显示数据表。

【任务准备】

知识点 1 GridView 控件概述

数据源控件不能显示数据，将数据显示出来需要用到数据绑定控件。数据绑定控件的层次结构如图 5-12 所示。

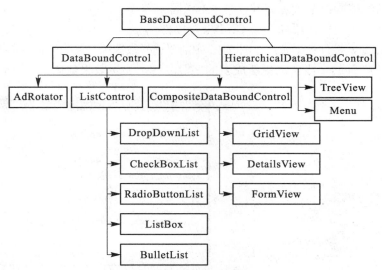

图 5-12 数据绑定控件的层次结构

由图 5-12 中可以看出数据绑定控件主要分为普通绑定控件和层次化绑定控件两类。其中普通控件又分为标准型、列表型和复合型。通常，复合型控件用于表格的显示。

GridView 控件提供了一种以表格形式显示数据的功能，其通过数据源控件与数据库进行数据绑定。GridView 控件不仅支持数据的格式化显示，而且还支持数据的分页、排序、选择以及修改保存数据，用户还可根据自己的喜好来自定义 GridView 显示的外观和样式。

知识点 2　GridView 控件的数据绑定方式

GridView 控件拖放到页面后，主要有两种方式来完成数据的绑定显示。

（1）使用 DataSource 编码指定数据源

使用 DataSource 编码方式主要用于与集合、DataSet、DataTable、SqlDataReader 等数据源绑定，但指定数据源后，需要调用控件的 DataBind 方法才能实现数据绑定。需要注意的是，使用编码的方式绑定数据时，GridView 控件不提供内置的排序、更新、删除和分页功能，需要适当的事件提供此功能。例如，分页的完成需要 PageIndexChanging 事件的支持。

默认 GridView 会显示查询结果所有的列，列标题默认和数据库中一致，常常是英文标题。用户可以根据自己的需要来设置显示的列，列标题设置为中文，设置列的格式等。

（2）使用 DataSourceID 绑定数据源控件

GridView 也可以通过 DataSourceID 属性来绑定数据源控件，通过该属性，数据源控件和数据绑定控件联系在一起来完成数据的操作。

【任务实施】

- 打开站点：网站路径与名称为"D:\aspnet"。
- 打开文件夹：文件夹名称为"c5"。
- 建立网页：网页名称为"5-2.aspx"。

- 添加数据源控件：1 个数据类控件 SqlDataSource。
- 进行数据源配置：配置过程与任务 5.1 相同。
- 添加数据绑定控件：添加一个 GridView 控件。
- 设置 GridView 控件数据源：在图 5-13 中的"选择数据源"下拉列表中选择 SqlDataSource1 控件，GridView1 控件的字段自动更新成表的字段名称。显示效果如图 5-14 所示。

图 5-13　GridView 控件数据源选择

图 5-14　GridView 控件显示数据

- 编辑 GridView 控件字段名：从 5-14 图中可以看到，每一列的字段名称是数据库中的字段名，看起来不方便，因此需编辑一下控件中显示的字段名。在图 5-15 中选择"编辑列"命令，在打开的图 5-16 中的"选定的字段"列表框中选择"xuehao"，在右侧的属性列表中找到"HeaderText"，将其值改为"学号"。用同样的方法，将其他三个字段分别改为"姓名""密码""类别"，单击"确定"按钮，结果如图 5-17 所示。

图 5-15　编辑列

图 5-16　编辑列名

图 5-17　更改列名显示效果

- 设置 GridView 控件外观：GridView 控件提供了"自动套用格式"功能，可以美化 GridView 控件。在图 5-15 中选择"自动套用格式"命令，打开如图 5-18 所示的对话框，其中列出了现有的格式，本例选择"彩色型"选项后单击"应用"按钮，再单击"确定"按钮完成外观设置，效果如图 5-19 所示。

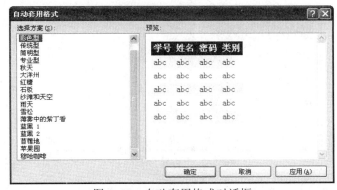

图 5-18　自动套用格式对话框

图 5-19　外观设置效果

- 使用 GridView 控件进行分页：如果数据库中的数据很多，就需要分页显示，使得每一页显示固定条数的记录。在图 5-20 中，选中"启用分页"复选框，打开 GridView 控件的"属性"对话框，如图 5-21 所示，修改 PageSize 属性为 2，效果如图 5-22 所示。

图 5-20 启用分页　　　　　　　　　图 5-21 设置每页显示的记录数

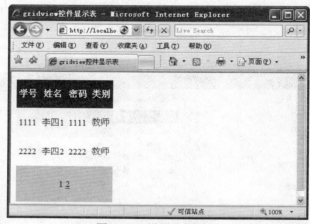

图 5-22 设置分页效果

任务 5.3　使用 DetailsView 控件编辑数据

【任务描述】

通过 DetailsView 控件实现对数据表 student 中的信息进行编辑、删除和添加操作。

【任务清单】

① 配置 DetailsView 控件。
② 在数据表中插入、修改、删除记录。

【任务准备】

知识点 1　DetailsView 控件介绍

DetailsView 和 GridView 控件一样都是继承于 CompositeDataBoundControl 类，因此它们之间有很多共性。DetailsView 也可以通过代码或数据源控件连接数据库，并且也能够对数据表中的记录进行插入、修改或删除操作。与 GridView 最大的不同是，GridView 控件是一个面向记录集合的控件，而 DetailsView 控件是一个面向单条记录的控件。也就是说，DetailsView 控件的界面中每次只显示一条记录，而且内容按照垂直方式进行排列。在查询中，如果有多个符合条件的记录时，可以将 DetailsView 控件的 AllowPaging 属性设为 true，然后逐条游览结果。DetailsView 控件每次只显示数据的单条记录，它由默认的模板来定义控件的外观显示。

知识点 2　DetailsView 控件功能

DetailsView 控件不仅可以显示记录明细，而且还支持适当的数据编辑。DetailsView 控件可以使用底层数据源控件的更新功能来执行把数据写入到数据源的操作。

DetailsView 控件不仅可以显示单条记录，完成记录的编辑，而且还可以完成记录的插入和删除。如果查询结果有多记录，可以通过将 DetailsView 控件的 AllowPaging 属性设为 true 来完成记录的逐条显示。

【任务实施】

- 打开站点：网站路径与名称为"D:\aspnet"。
- 打开文件夹：文件夹名称为"c5"。
- 建立网页：网页名称为"5-3.aspx"。
- 添加数据源控件：1 个数据类控件 SqlDataSource。
- 进行数据源配置：配置过程与任务 5.1 相同，但在配置 SELECT 语句时，需在如图 5-10 所示的对话框中单击"高级"按钮，然后在打开的如图 5-23 所示对话框中选择"生成 INSERT、UPDATE 和 DELETE 语句"和"使用开放式开发"复选项。

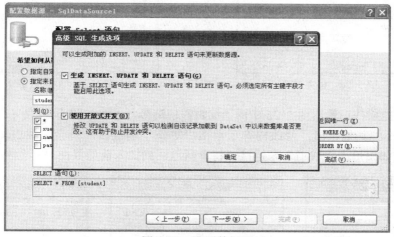

图 5-23　配置数据源

- 添加数据绑定控件：添加一个 DetailsView 控件。
- 设置 DetailsView 控件数据源：在图 5-24 中的"选择数据源"下拉列表中选择 SqlDataSource1 控件作为数据源。
- 设置 DetailsView 控件实现的功能：在图 5-24 中选中"启用分页""启用插入""启用编辑""启用删除"复选项。

- 编辑显示的列名：将显示的列名改为"学号""姓名""密码"，效果如图 5-25 所示。

图 5-24　选择数据源

图 5-25　添加功能后的运行效果

- 插入记录操作：单击图 5-25 中的"新建"超链接，将会出现如图 5-26 所示的界面，在对应字段后输入内容，如图 5-27 所示，单击"插入"超链接，把新记录插入数据库中，并在界面显示插入后的记录，如图 5-28 所示。如果单击"取消"超链接，将重新返回到插入前的界面。

图 5-26　插入首页

图 5-27　插入内容

- 更新功能操作：单击图 5-25 中的"编辑"超链接，出现如图 5-29 所示的界面，可以编辑除了主键以外的其他字段，修改内容后单击"更新"超链接，将会出现更新后的记录，如图 5-30 所示。如果单击"取消"超链接，将重新返回到插入前的界面。

图 5-28　插入新记录后的界面

图 5-29　单击"更新"超链接后的界面

图 5-30　更新后的界面

- 删除功能操作：单击记录上面的"删除"超链接，会直接把该条记录删除。此功能需要继续完善，因为无任何提示地删除记录，容易导致误删除。

【单元小结】

- 在 ASP.NET 中使用数据绑定表达式，可以简便而又灵活地实现数据绑定显示功能。
- ASP.NET 数据源控件允许用户使用不同类型的数据源，如数据库、XML 文件或中间层业务对象。数据源控件连接到数据源，从中检索数据，并使得其他控件可以绑定到数据源而无需代码，而且数据源控件还支持修改数据。
- 使用数据源控件并不能显示数据，将数据显示出来需要用到数据绑定控件。
- GridView 控件提供了一种以表格形式显示数据的显示控件，其通过数据源控件与数据库进行数据绑定。GridView 控件不仅支持数据的格式化显示，而且还支持对数据的分页、排序、选择以及修改、保存等操作。另外，用户还可根据自己的喜好来自定义 GridView 显示的外观和样式。
- DetailsView 控件不仅可以显示单条记录，完成对记录的编辑，而且还可以完成对记录的插入和删除。如果查询结果有多记录，可以通过将 DetailsView 控件的 AllowPaging 属性设为 true，来完成记录的逐条显示。

单元 6
使用导航控件和其他常用控件

站点导航系统可以让用户在网站页面间随意切换,ASP.NET 中提供了一组导航控件,如 SiteMapPath、TreeView 和 Menu,利用这些导航控件可以为站点创建一致的、容易管理的导航解决方案。因为这些控件的使用方法基本类似,只是表现形式不同,本单元将详细介绍 SiteMapPath 控件的使用方法。

在一些应用程序中,经常需要用户把文件上传到 Web 服务器。如邮件附件的添加、注册时用户头像的上传等。ASP.NET 提供了标准的上传控件 FileUpload 控件,使用该控件可以让用户更容易地浏览和选择要上传的文件并实现文件的上传。在本单元中也将详细介绍 FileUpload 控件的使用方法。

【知识目标】
- 了解 ASP.NET 中页面导航控件的用途。
- 了解页面导航控件的应用方法。
- 了解文件上传控件的使用范围。
- 了解文件上传控件的使用方法。

【技能目标】
- 掌握通过 SiteMapPath 控件实现页面导航。
- 掌握通过 GridView 控件实现数据列表显示。
- 掌握使用 TreeView 和 Menu 控件实现站点导航。
- 掌握应用 FileUpload 控件实现文件上传。

任务 6.1 使用 SiteMapPath 控件实现页面导航

【任务描述】

某学习网站需要实现如图 6-1 所示的导航结构，要求将导航信息定义在站点地图文件 Web.sitemap 中，并在 6-1.aspx 文件中用 SiteMapPath 控件显示导航信息，结果如图 6-2 所示。

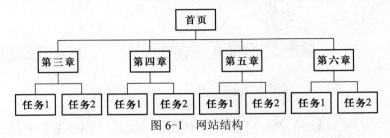

图 6-1 网站结构

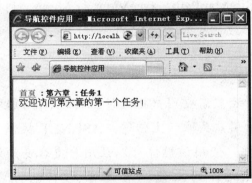

图 6-2 页面显示导航信息

【任务清单】

① 使用 SiteMapPath 控件实现页面导航。
② 显示导航信息。

【任务准备】

知识点 1 站点导航

一个大型的企业级网站可能拥有成百上千个网页，其导航就变得十分重要，建立一个好的导航系统，能够很好地增加应用程序的可交互性。因此要求开发人员提供导航提示和菜单来保证用户在网站中不会"迷路"，通过站点导航可以让用户清楚地了解自己所处的位置，并可以迅速返回以前所访问过的页面。

若要为站点创建一致的、容易管理的导航解决方案，可以使用 ASP.NET 站点导航。ASP.NET 站点导航能够将指向所有页面的超链接存储在一个中央位置，并在列表中呈现这些链接，或用一个特定 Web 服务器控件在每页上呈现导航菜单。

在 ASP.NET 中，可以使用站点地图描述站点的逻辑结构。接着，可以通过在添加或移除页面时修改站点地图（而不是修改所有网页的超链接）来管理页面导航；可以使用 ASP.NET 控件在网页上显示导航菜单，导航菜单以站点地图为基础。

知识点 2　站点地图

若要使用 ASP.NET 站点导航，需要描述站点结构以便站点导航。默认情况下，站点导航系统使用一个包含站点层次结构的 XML 文件。也可以将站点导航系统配置为使用其他数据源。

默认情况下，ASP.NET 会使用一个名为 Web.sitemap 的特定的 XML 文件来描述站点结构，站点导航控件可以从站点地图文件中读取内容信息，并将其内容显示为一个菜单、树或者面包屑型。站点地图的创建方式很简单，可以在"解决方案资源管理器"中的右击网站，在弹出的快捷菜单中选择"添加新项"命令，然后在弹出窗口中选择"站点地图"选项来创建 Web.sitemap 文件。

站点地图的格式很简单，以下示例是站点地图文件 web.sitemap 的用法。

某企业网站要实现的导航结构，如图 6-3 所示。

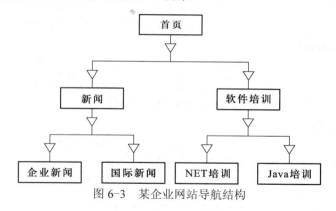

图 6-3　某企业网站导航结构

该网站结构映射成站点地图文件 Web.sitemap，实现代码如下：

```
<siteMapNode url="default.aspx" title="首页"　description="">
<siteMapNode url=" c4/default.aspx " title="新闻" description ="" >
<siteMapNode url="c4/4-1.aspx" title="企业新闻" description=""/>
<siteMapNode rul="c4/4-3.aspx" title ="国际新闻" description=""/>
</siteMapNode>
<siteMapNode url="c5/default.aspx " title="培训" description ="" >
<siteMapNode url="c5/5-1.aspx" title="Net 培训" description=""/>
<siteMapNode rul="c5/5-3.aspx" title ="Java 培训" description=""/>
</siteMapNode>
</siteMapNode>
```

站点地图是描述站点逻辑结构的文件，后缀名为.sitemap，站点地图文件是一个特定的 XML 文件。当在网站中添加或删除页面的时候，开发人员只需要更改站点地图文件，就可以管理页的导航，而不需要修改各个页面本身导航链接。它的每个 SiteMapNode 对象表示站点地图结构中的一个网站页面，每个 SiteMapNode 包括几个用于描述网站中单个页的属性，如 url、Title 和 Description 属性等。表 6-1 列出了 SiteMapNode 的常用的属性。

表 6-1 SiteMapNode 的常用的属性

属性	说明
title	站点节点的标题，通常显示为超链接
url	站点节点所指向的目标 URL
description	当鼠标悬停在节点上时，所要显示的提示信息
roles	和节点相关的安全角色集合

编写站点地图的注意事项。
- 站点地图文件必须位于应用程序的根目录中。
- 站点地图根节点为<siteMap>元素，每个文件有且仅有一个根节点。
- 有效站点地图文件只包含一个直接位于 siteMap 元素下方的 siteMapNode 元素。但第 1 级 siteMapNode 元素可以包含任意数量的子 siteMapNode 元素。
- 尽管 url 属性可以为空，但有效站点地图文件不能有重复的 URL。

知识点 3 导航控件

由于 ASP.NET 提供了站点导航控件，使得站点地图的显示变得非常容易。在开发时，只需编写少量代码或者不用写任何代码，就可以轻松将站点的导航信息显示到页面。ASP.NET 提供了专门的导航控件 SiteMapPath、TreeView 和 Menu，三种控件的使用方式以及展现效果各不相同。本单元重点讲授 SiteMapPath 控件的使用。

SiteMapPath 控件显示的是导航路径（也称为面包屑或眉毛链接），它向用户显示当前页面的位置，并且把链接显示为回到主页面的一个路径，使用户可以快速定位到当前页面的任意上级或顶级页面，如某企业网站导航如下。

实训基地首页 >> 新闻动态 >> 行业动态

SiteMapPath 控件可以直接使用网站的站点地图数据，用户可以在需要显示导航链接的页面上直接拖拽该控件即可。如在 WordNews.aspx 页面中放置 SiteMapPath 控件后的效果如下。

首页 > 新闻 > 国际新闻

可以通过设置 SiteMapPath 控件的属性来改变其默认外观，其常用属性见表 6-2。

表 6-2 SiteMapPath 控件的常用属性

属性	说明
PathSeparator	表示导航路径中节点的分隔符，默认值为">"
ParentLevelsDisplayed	控制 SiteMapPath 控件显示的当前节点上面的父节点级别数。默认值为-1，即显示当前上下文节点上面的所有父节点和祖先节点

可以向这些模板添加几乎任何标记，还可以通过数据绑定表达式来获取有关节点的数据，有关数据绑定相关知识将在后面章节中介绍。另外，如果既设置了分隔符模板属性，又添加了

分隔符模板，则显示时以模板为准。用户也可以通过设置自动套用格式来快速定义显示样式，如图 6-4 所示。

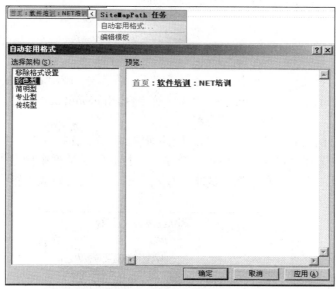

图 6-4 SiteMapPath 设置自动套用格式

【任务实施】

- 打开站点：网站路径与名称"D:\aspnet"。
- 打开站点地图文件 Web.sitemap：双击站点"解决方案资源管理器"中的默认站点地图文件"Web.sitemap"。
- 定义节点：在"Web.sitemap"文件中按网站导航结构图来定义节点。具体代码如下。

```
<?xml version="1.0" encoding="utf-8" ?>
<siteMap xmlns="http://schemas.microsoft.com/AspNet/SiteMap-File-1.0" >
  <siteMapNode url="default.aspx" title="首页"   description="">
<siteMapNode url="c3/default.aspx" title="第三章" description="">
  <siteMapNode url="c3/3-1.aspx" title="任务 1"   description=""/>
  <siteMapNode url ="c3/3-3.aspx" title ="任务 2" description =""/>
</siteMapNode>
<siteMapNode url=" c4/default.aspx " title="第四章" description="" >
  <siteMapNode url="c4/4-1.aspx" title="任务 1" description =""/>
  <siteMapNode rul="c4/4-3.aspx" title ="任务 2" description=""/>
</siteMapNode>
<siteMapNode url=" c5/default.aspx " title="第五章" description="" >
  <siteMapNode url="c5/5-1.aspx" title="任务 1" description =""/>
  <siteMapNode rul="c5/5-3.aspx" title ="任务 2" description=""/>
</siteMapNode>
```

<siteMapNode url=" c6/default.aspx " title="第六章" description ="" >
<siteMapNode url="c6/6-1.aspx" title="任务 1" description =""/>
<siteMapNode rul="c6/6-2.aspx" title ="任务 2" description=""/>
  </siteMapNode>
  </siteMapNode>
</siteMap>

- 添加新网页：在文件夹 c6 中建立两个新网页，名称分别为"default.aspx"和"6-1.aspx"
- 添加导航控件：在"6-1.aspx"中添加导航控件 SiteMapPath 控件，设置显示导航信息即可。
- 设置导航控件的格式：将 SiteMapPath 控件拖放到页面，在控件上单击 SiteMapPath 智能按钮，如图 6-5 所示，选择"自动套用格式"命令，在打开的对话框中的左侧列表框列出已有的格式，如图 6-6 所示，选择"彩色型"选项，单击"确定"按钮完成设置。

图 6-5　选择自动套用格式

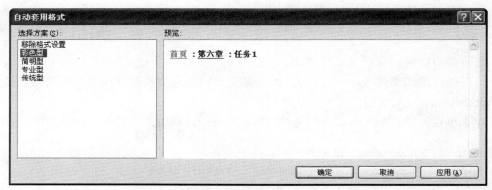

图 6-6　设置自动套用格式

- 编写代码：在"6-1.aspx"的隐藏类文件"6-1.aspx.cs"文件中编写代码，代码如下。

```
public partial class c6_6_1 : System.Web.UI.Page
{
protected void Page_Load(object sender, EventArgs e)
{
Label1.Text = "欢迎访问第六章的第一个任务！";
}
}
```

- 保存运行。

任务 6.2　使用 FileUpload 控件实现文件上传

【任务描述】

如果需要在网站中实现文件上传功能，将上传的文件保存在网站的 images 文件夹中，如图 6-7 所示，只要用户在文本框中输入了完全限定的文件名，无论是直接输入还是通过"浏览"按钮选择，在"选择文件"对话框中选择文件后，如图 6-8 所示，单击"上传"按钮，成功上传后将显示文件信息，如图 6-9 所示。

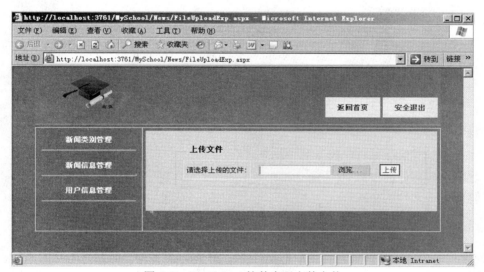

图 6-7　FileUpload 控件实现文件上传

图 6-8　单击"浏览"按钮选择上传文件

96　动态网页设计（ASP.NET）

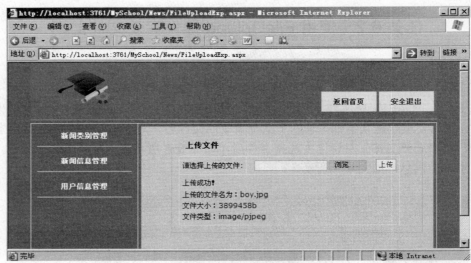

图 6-9　上传后显示上传文件信息

【任务清单】

① 通过 FileUpload 控件实现文件上传。
② 显示上传文件的信息。
③ 验证上传文件的格式。

【任务准备】

在应用程序中，经常需要允许用户把文件上传到 Web 服务器。如邮件附件的添加、注册时用户头像的上传等。使用 FileUpload 控件可以让用户更容易地浏览和选择要上传的文件，它包含一个浏览按钮和一个用于输入文件的文本框。

知识点 1　FileUpload 控件的常用属性

FileUpload 控件的常用属性见表 6-3。

表 6-3　FileUpload 控件的常用属性

属性	说明
FileName	返回上传文件的名称，不包含路径信息
HasFile	指定 FileUpload 控件所包含的文件是否存在
FileContent	返回一个指定上传文件的流对象
PostedFile	返回已上传文件的引用对象 HttpPostedFile

当用户选择了要上传的文件后，FileUpload 控件不会自动地把文件保存到服务器上，最常用的方法是向表单中添加某种类型的上传按钮，在上传按钮的事件处理器中必须调用 FileUpload 控件的 SaveAs 方法以执行实际上传到服务器的操作。SaveAs 方法需要指定指向服务器上的一个完全路径，文件将被保存在该目录中。在调用 SaveAs 方法前，需要使用 HasFile

属性来检测文本框中是否输入了有效的完全限定的文件名。

知识点 2　HttpPostedFile 常用属性

HttpPostedFile 常用属性见表 6-4。

表 6-4　**HttpPostedFile** 对象的常用属性

属性	说明
ContentLength	返回上传文件大小（以字节为单位）
FileName	返回文件在客户端的完全限定名
ContentType	返回上传文件的 MIME 内容类型

为了保留磁盘空间，或者为了减少拒绝服务攻击的风险，可能需要限制将要上传到服务器文件的大小，默认值为 4MB。如果允许上传较大的文件，可以通过在应用程序的 Web.config 文件中限制长度来做到这一点，向 httpRumtime 元素添加 maxRequestLength 属性来指定长度限制。如允许上传文件的大小为 5MB，可以用以下代码进行设置。

`<httpRuntime maxRequestLength ="5120"/>`

【任务实施】

- 打开站点：网站路径与名称"D:\aspnet"。
- 建立网页：网页名称 "6-2.aspx"。
- 插入表格：行数为 2，列数为 2。
- 添加控件：在第 1 行单元格中输入文字"请选择上传的文件"，在第 1 行第 2 列中添加 1 个 FileUpload 控件和 1 个 button 控件，第 2 行添加 1 个标签控件。
- 编写"上传"按钮的代码：在"上传"按钮的单击事件中调用 FileUpload 控件的 SaveAs 方法实现文件上传，并调用 FileUpload 相关属性显示上传文件的信息，代码如下。

```
protected void Button1_Click(object sender, EventArgs e)
{
string message;
if (FileUpload1.HasFile)
{
try
{
string strpath = Server.MapPath("d:\aspnet");
FileUpload1.PostedFile.SaveAs(strpath + FileUpload1.FileName);
message = "上传成功+<BR>";
}
catch (exception ex)
{
message = ex.message;
}
```

```
}
else
{
message = "你没有选择文件！";
}
Label1.Text = message;
}
```

- 保存运行。

【单元小结】

- ASP.NET 提供了站点导航控件 SiteMapPath、TreeView 和 Menu，使得站点地图的显示变得非常容易。只需编写少量代码或者不用写任何代码，就可以轻松将站点的导航信息显示到页面。
- SiteMapPath 控件显示的是导航路径，它向用户显示当前页面的位置，并且把链接显示为回到主页面的一个路径，使用户可以快速定位到当前页面的任意上级或顶级页面。
- 使用 FileUpload 控件可以让用户更容易地浏览和选择要上传的文件，它包含一个浏览按钮和一个用于输入文件的文本框，使用户可以选择客户端上的文件并将其上传到 Web 服务器。

单元 7
网站项目的设计与开发

在本单元中将会通过计算机系的一个真实网站介绍使用 ASP.NET 语言发开网站的基本流程。

【知识目标】
- 了解真实项目需求分析格式。
- 了解数据库结构设计方法。
- 了解网站项目开发流程及步骤。

【技能目标】
- 掌握网站项目前台界面的设计。
- 掌握网站后台代码的编写。
- 掌握第三方控件的属性及其设置方法。

任务 7.1　实现网站项目后台登录功能

【任务描述】

编写一个"后台登录界面"页面,实现如图 7-1 所示的页面,运行效果如图 7-2 所示。

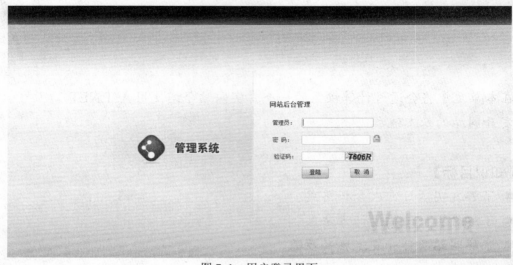

图 7-1　用户登录界面

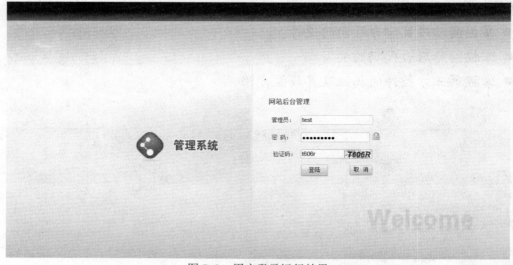

图 7-2　用户登录运行效果

【任务清单】

① 设计登录界面。

② 设计登录中的验证码。
③ 实现登录功能。

【任务准备】

在后台登录界面中一般体现用户名、密码、验证码等基本功能。用户后台登录页面主要完成用户角色及权限的判断。本案例后台角色有两个，一个是超级管理员可以完成后台所有功能，另一个为内容管理员，与超级管理员的功能区别在内容管理员不能添加修改其他角色的用户。

知识点1 登录界面的设计

登录界面设计如图 7-1 所示。使用控件见表 7-1。

表 7-1 登录界面控件

序号	控件类型	ID/名称	属性值	备注
1	TextBox	username		用户名文本框
2		userpwd		密码文本框
3		txtValidate		验证码输入框
4	Button	ImageButton2	Text=登录	标准按钮控件"登录"按钮
5		Button1	Text=取消	标准按钮控件"取消"按钮
6	Image	ImgValidate		图片控件绑定 ValidateCode.aspx 文件

知识点2 登录验证码设计

登录界面设计如图 7-1 所示。使用验证码控件见表 7-2。

表 7-2 验证码设计简介

序号	控件类型	ID/名称	属性值	备注
1	Image	ImgValidate		图片控件绑定 ValidateCode.aspx 文件

知识点3 登录成功后界面设计

登录成功后界面设计如图 7-3 所示。使用文件见表 7-3。

图 7-3 用户登录成功后界面

表 7-3 登录成功后框架集中使用文件简介

序号	文件名	备注
1	right.html	用于显示右侧的欢迎界面,界面是"欢迎登录网站后台"
2	left.aspx	左侧的纵向菜单文件
3	admin_top.aspx	后台登录成功后顶部文件

登录成功后对应的页面文件是 index.aspx,该文件源代码是一个框架集。源代码如下:

```
<frameset rows="64,*" frameborder="NO" border="0" framespacing="0">
    <frame src="admin_top.aspx" noresize="noresize" frameborder="NO" name="topFrame"
    scrolling="no" marginwidth="0" marginheight="0" target="main" />
        <frameset cols="200,*" id="frame">
        <frame src="left.aspx" name="leftFrame" noresize="noresize" marginwidth="0"
            marginheight="0" frameborder="0" scrolling="auto" target="main" />
        <frame src="right.htm" name="main" marginwidth="0" marginheight="0"
            frameborder="0" scrolling="auto" target="_self" />
        </frameset>
</frameset>
```

登录成功后对应的页面文件是 left.aspx。源代码如下:

```
<body>
    <form id="Form1" runat="server">
    <table width="100%" height="280" border="0" cellpadding="0" cellspacing="0" bgcolor="#EEF2FB">
        <tr>
            <td width="172" valign="top">
                <div id="container" runat="server">
                    <h1 class="type" runat="server" id="H1">
                    <a href="javascript:void(0)">系部简介</a></h1>
                    <div class="content" runat="server" id="Div1">
                        <table width="100%" border="0" cellspacing="0" cellpadding="0">
                            <tr>
                                <td>
                                    <img src="images/menu_topline.gif" width="172" height="5" />
                                </td>
                            </tr>
                        </table>
                        <ul class="MM">
                            <li><a href="NewsList.aspx?tid=7" target="main" runat="server" id="A18">
                            列表</a></li>
                            <li><a href="AddNews.aspx?tid=7" target="main" runat="server" id="A19">
                            添加</a></li>
                        </ul>
                    </div>
                    <h1 class="type" runat="server" id="H2">
```

```html
            <a href="javascript:void(0)">新闻资讯</a></h1>
<div class="content" runat="server" id="Div2">
        <table width="100%" border="0" cellspacing="0" cellpadding="0">
            <tr>
                <td>
                    <img src="images/menu_topline.gif" width="172" height="5" />
                </td>
            </tr>
        </table>
         <ul class="MM">
           <li><a href="NewsList.aspx?tid=1" target="main" runat="server" id="A21">列表</a></li>
           <li><a href="AddNews.aspx?tid=1" target="main" runat="server" id="A22">添加</a></li>
</div>
<h1 class="type" runat="server" id="H3">
        <a href="javascript:void(0)">师资队伍</a></h1>
<div class="content" runat="server" id="Div3">
        <table width="100%" border="0" cellspacing="0" cellpadding="0">
            <tr>
                <td>
                    <img src="images/menu_topline.gif" width="172" height="5" />
                </td>
            </tr>
        </table>
         <ul class="MM">
           <li><a href="NewsList.aspx?tid=5" target="main" runat="server" id="A23">列表</a></li>
           <li><a href="AddNews.aspx?tid=5" target="main" runat="server" id="A24">添加</a></li>
         </ul>
</div>
 <h1 class="type" runat="server" id="H4">
        <a href="javascript:void(0)">学生风采</a></h1>
<div class="content" runat="server" id="Div4">
        <table width="100%" border="0" cellspacing="0" cellpadding="0">
            <tr>
                <td>
                    <img src="images/menu_topline.gif" width="172" height="5" />
                </td>
            </tr>
        </table>
         <ul class="MM">
           <li><a href="NewsList.aspx?tid=4" target="main" runat="server" id="A1">列表</a></li>
           <li><a href="AddNews.aspx?tid=4" target="main" runat="server" id="A2">添加</a></li>
```

```html
                </ul>
            </div>
            <h1 class="type" runat="server" id="H6">
            <a href="javascript:void(0)">修改密码</a></h1>
            <div class="content" runat="server" id="Div6">
                <table width="100%" border="0" cellspacing="0" cellpadding="0">
                    <tr>
                        <td>
                            <img src="images/menu_topline.gif" width="172" height="5" />
                        </td>
                    </tr>
                </table>
                <ul class="MM">
                    <li><a href='pwd.aspx' target="main" runat="server" id="A20">修改密码
                    </a></li>
                </ul>
            </div>
            <h1 class="type" runat="server" id="H7">
             <a href="javascript:void(0)">用户管理</a></h1>
            <div class="content" runat="server" id="Div7">
                <table width="100%" border="0" cellspacing="0" cellpadding="0">
                    <tr>
                        <td>
                            <img src="images/menu_topline.gif" width="172" height="5" />
                        </td>
                    </tr>
                </table>
                <ul class="MM">
                    <li><a href='Madmin.aspx' target="main" runat="server" id="A3">添加用户
                    </a></li>
                </ul>
            </div>
           </div>
           <script type="text/javascript">
               var contents = document.getElementsByClassName('content');
               var toggles = document.getElementsByClassName('type');
               var myAccordion = new fx.Accordion(
            toggles, contents, { opacity: true, duration: 400 });
               //myAccordion.showThisHideOpen(contents[0]);
           </script>
        </td>
      </tr>
    </table>
    </form>
</body>
```

登录成功后对应的页面文件是 admin_top.aspx。源代码如下：

```html
<body>
    <form id="form1" runat="server">
    <div>
        <table width="100%" height="64" border="0" cellpadding="0" cellspacing="0" class="admin_topbg">
            <tr>
                <td width="61%" height="64">
                    <img src="images/logo.gif" width="262" height="64" alt=""/>
                </td>
                <td width="39%" valign="top">
                    <table width="100%" border="0" cellspacing="0" cellpadding="0">
                        <tr>
                            <td height="38" class="style1">
                                管理员：<b><%=Session["Mname"]%></b>，您好，感谢登录使用！</td>
                            <td width="36%">
                                <a href="#" onclick="javascript:parent.location.href('../index.aspx');" target="_self" >
                                    <img src="images/out2.gif"  alt="打开首页" width="70" height="20" border="0">   </a>
                                    <a href="#" target="_self" onclick="logout();"><img src="images/out.gif" alt="安全退出"
                                        width="46" height="20" border="0"/></a>
                            </td>
                            <td width="4%">
                                 
                            </td>
                        </tr>
                        <tr>
                            <td height="19" colspan="3">
                                 
                            </td>
                        </tr>
                    </table>
                </td>
            </tr>
        </table>
    </div>
    </form>
</body>
```

【任务实施】

1. 实现网站验证功能

（1）实施步骤
- 新建站点：网站路径与名称 "D:\WebDepartment"。
- 建立网页：网页名称为 D:\WebDepartment\manager 路径下的 "ValidateCode.aspx"。

- 设置相应控件属性见表 7-1。
- 编写对应功能的代码。

（2）实施效果（按 F5 键运行）

如图 7-2 所示。

（3）部分关键代码

验证码图片控件绑定绑定 ValidateCode.aspx 文件，ValidateCode.aspx 生成验证码的功能代码如下。

```csharp
protected void Page_Load(object sender, EventArgs e)
{
    CreateCheckCodeImage(GenerateCheckCode());
}
//使用随机数生成 5 位验证码，要求只能有 0~9 之间的偶数和 26 个字母组成
private string GenerateCheckCode()
{
    int number;
    char code;
    string checkCode = String.Empty;
    Random random = new Random();
    //随机数生成 5 位验证码
    for (int i = 0; i < 5; i++)
    {
        number = random.Next();
        //只能有 0~9 之间的偶数和 26 个字母组成
        if (number % 2 == 0)
            code = (char)('0' + (char)(number % 10));
        else
            code = (char)('A' + (char)(number % 26));
        checkCode += code.ToString();
    }
    //将生成的验证码保存到 Session 对象中
    if (!Request.Browser.Cookies)
    {
        Session["CheckCode"] = checkCode;
    }
    //将生成的验证码保存到 Cookies 对象中
    Response.Cookies.Add(new HttpCookie("CheckCode", checkCode));
    return checkCode;
}
//将生成的验证码转化为图片格式
private void CreateCheckCodeImage(string checkCode)
{
    if (checkCode == null || checkCode.Trim() == String.Empty)
        return;
```

```csharp
Bitmap image = new Bitmap((int)Math.Ceiling(checkCode.Length * 11.5), 20);
Graphics g = Graphics.FromImage(image);
try
{
    //生成随机生成器
    Random random = new Random();
    //清空图片背景色
    g.Clear(Color.White);
    //画图片的背景噪音线
    for (int i = 0; i < 25; i++)
    {
        int x1 = random.Next(image.Width);
        int x2 = random.Next(image.Width);
        int y1 = random.Next(image.Height);
        int y2 = random.Next(image.Height);
        g.DrawLine(new Pen(Color.Silver), x1, y1, x2, y2);
    }
    Font font = new Font("Arial", 12, (FontStyle.Bold | FontStyle.Italic));
    LinearGradientBrush brush = new LinearGradientBrush(new Rectangle(0, 0,
    image.Width, image.Height), Color.Blue, Color.DarkRed, 1.2f, true);
    g.DrawString(checkCode, font, brush, 2, 2);
    //画图片的前景噪音点
    for (int i = 0; i < 100; i++)
    {
        int x = random.Next(image.Width);
        int y = random.Next(image.Height);
        image.SetPixel(x, y, Color.FromArgb(random.Next()));
    }
    //画图片的边框线
    g.DrawRectangle(new Pen(Color.Silver), 0, 0, image.Width - 1, image.Height - 1);
    System.IO.MemoryStream ms = new System.IO.MemoryStream();
    image.Save(ms, System.Drawing.Imaging.ImageFormat.Gif);
    Response.ClearContent();
    Response.ContentType = "image/Gif";
    Response.BinaryWrite(ms.ToArray());
}
finally
{
    g.Dispose();
    image.Dispose();
}
}
```

2. 实现网站项目登录功能

登录功能对应后台 login.aspx.cs 文件,以下为登录功能的关键代码片段。

（1）实施步骤
- 使用站点：网站路径与名称"D:\WebDepartment"。
- 建立网页：网页名称"login.aspx"。
- 设计登录页面界面如图 7-1 所示。
- 设置相应控件属性见表 7-1。

（2）实施效果（按 F5 键运行）

如图 7-3 所示。

（3）部分关键代码

在 Login.aspx.cs 类中根据用户名和密码查询用户的方法在 AdminUserDAL.cs 类中，代码如下。

```csharp
/// <summary>
/// 获得数据列表
/// </summary>
public DataSet GetList(string strWhere)
{
StringBuilder strSql=new StringBuilder();
strSql.Append("select user_id,user_name,user_password,user_createtime,user_ip,user_logintime,user_role ");
strSql.Append(" FROM adminuser ");
if(strWhere.Trim()!="")
{
    strSql.Append(" where "+strWhere);
}
return DbHelperSQL.Query(strSql.ToString());
}
```

在 AdminUserDAL.cs 类中调用 DbHelperSQL.cs 类的 Query 方法代码如下：

```csharp
 /// <summary>
 /// 执行查询语句，返回 DataSet
 /// </summary>
 /// <param name="SQLString">查询语句</param>
 /// <returns>DataSet</returns>
 public static DataSet Query(string SQLString)
  {
        using (SqlConnection connection = new SqlConnection(connectionString))
        {
            DataSet ds = new DataSet();
        try
          {
                connection.Open();
                SqlDataAdapter command = new SqlDataAdapter(SQLString, connection);
                command.Fill(ds, "ds");
            }
            catch (System.Data.SqlClient.SqlException ex)
```

```
            {
                throw new Exception(ex.Message);
            }
            return ds;
        }
    }
```

登录成功后对应的页面文件是 left.aspx.cs。源代码如下。

```
protected void Page_Load(object sender, EventArgs e)
{
    //1. 超级管理员  2. 内容管理员  3. 统计管理员  4. 资料管理员
    if (Session["role"] != null && (string)Session["role"] != "")
    {
        Bind(Session["role"].ToString());
    }
}
protected void Bind(string role)
{
    switch (role)
    {
        case "1"://超级管理员具有后台所有的权限，所有菜单都可见
            break;
        case "2"://内容管理员，后台有4项菜单不能用
            //用户管理不能用
            H7.Visible = false;
            Div7.Visible = false;
            break;
    }
}
```

登录成功后对应的页面文件是 admin_top.aspx.cs。源代码如下。

```
protected void Page_Load(object sender, EventArgs e)
{
    try
    {
        if (Session["flag"].ToString() == "" || Session["flag"] == null)
        {
            Response.Redirect("~/manager/login.aspx");
        }
    }
    catch (Exception)
    {
        Response.Redirect("~/manager/login.aspx");
    }
}
```

任务 7.2　实现网站项目用户管理功能

【任务描述】

设计一个"用户管理"页面，实现如图 7-4 所示的页面，运行效果如图 7-5 所示。

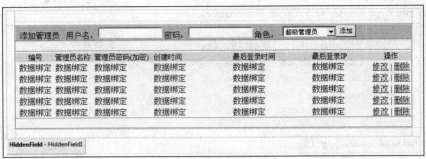

图 7-4　用户管理界面

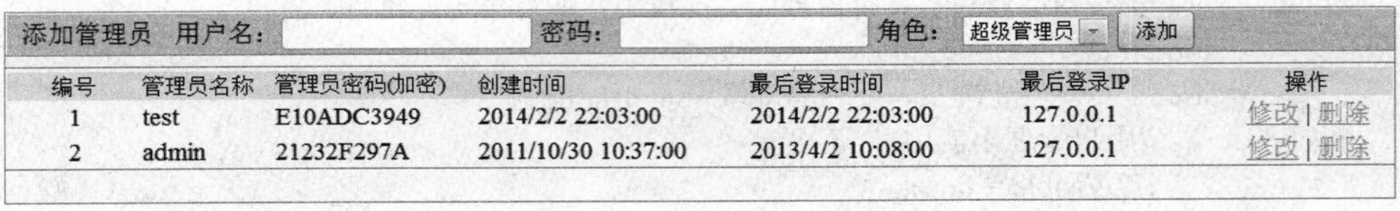

图 7-5　用户管理运行效果

【任务清单】

① 设计用户管理界面。
② 实现用户信息的查询。
③ 实现用户信息的添加。
④ 实现用户信息的修改。
⑤ 实现用户信息的删除。

【任务准备】

在用户管理界面中一般体现用户名、密码、角色等基本功能。用户管理后台主要完成用户增加、删除、查询、修改的功能。本案例后台角色有两个，一个是超级管理员可以完成后台所有功能，另一个为内容管理员，与超级管理员的功能区别在内容管理员不能添加修改其他角色的用户。

知识点 1　用户管理界面控件的设计

用户管理界面设计如图 7-4 所示。使用控件见表 7-4。

表 7-4　用户管理界面使用控件简介

序号	控件类型	ID/名称	属性值	备注
1	Input	txtname		用户名文本框
2		txtpwd		密码文本框
3	Button	btnAdd	Text=添加	标准按钮控件"添加"按钮
4	DataList	ddltype		数据显示控件
5	LinkButton	CommandName="edit"	Text=修改	数据显示控件中的修改按钮
6		CommandName="delete"	Text=删除	数据显示控件中的删除按钮
7		CommandName="cancel"	Text=取消	数据显示控件中的取消按钮
8		CommandName="update"	Text=更新	数据显示控件中的更新按钮
9	HiddenField	HiddenField1		标准隐藏域控件，运行时不可见控件

知识点 2　用户管理界面源代码的设计

用户管理界面对应的页面文件是 Madmin.aspx，对应界面如图 7-4 所示，其源代码如下。

```
<body>
<form id="form1" runat="server">
<input id="hdnfid" runat="server" type="hidden" />
<table width="100%" border="0" cellpadding="0" cellspacing="0">
  <tr>
    <td width="17" valign="top" style="background:'../images/mail_leftbg.gif"> </td>
    <td valign="top" background="../images/content-bg.gif"><table width="100%" height="31" border="0"
      cellpadding="0"

      cellspacing="0" class="left_topbg" id="table2">
      <tr>
        <td height="31"><div class="titlebt"管理员</div></td>
      </tr>
    </table></td>
    <td width="16" valign="top" background="../images/mail_rightbg.gif"> </td>
  </tr>
  <tr>
    <td valign="middle" background="../images/mail_leftbg.gif"> </td>
    <td valign="top" bgcolor="#F7F8F9">
    <table width="100%" border="0" align="center" cellpadding="0" cellspacing="0">
      <tr>
        <td valign="top">
<table width="100%" align="center" border="1" cellpadding="0" cellspacing="0" bordercolorlight="#999999"
  bordercolordark="#FFFFFF" class="newtable">
  <tr>
    <td colspan="7" style="background:#bfd3e6; text-align:left" >
        添加管理员   用户名：<input id="txtname" type="text" runat="server"
```

```
          /> 密码：<input id="txtpwd"    type="text" runat="server" />
          角色：    <asp:DropDownList ID="ddrole" runat="server">
              <asp:ListItem Value="1">超级管理员</asp:ListItem>
              <asp:ListItem Value="2">内容管理员</asp:ListItem>
          </asp:DropDownList>
              <asp:Button
                  ID="btnAdd" runat="server" Text="添加" Height="25px" onclick="btnAdd_Click"/>
          </td>
      </tr>
   <tr>
   <td colspan="7" height="5px"></td>
   </tr>
   <tr>
   <td>
   <asp:DataList ID="dldtype" runat="server" Width="100%"
           oncancelcommand="dldtype_CancelCommand" ondeletecommand="dldtype_DeleteCommand"
           oneditcommand="dldtype_EditCommand" onupdatecommand="dldtype_UpdateCommand"
           DataKeyField="user_id">
   <HeaderTemplate>
     <tr style=" font-size:14px;" id="titleone">
         <td width="10%" align="center" bgcolor="#e1e5ee">编号</td>
         <td width="10%" align="left" bgcolor="#e1e5ee">管理员名称</td>
         <td width="15%" align="left" bgcolor="#e1e5ee">管理员密码(加密)</td>
         <td width="20%" align="left" bgcolor="#e1e5ee">创建时间</td>
         <td width="20%" align="left" bgcolor="#e1e5ee">最后登录时间</td>
         <td width="15%" align="left" bgcolor="#e1e5ee">最后登录IP</td>
         <td width="10%" align="center" bgcolor="#e1e5ee">操作</td>
     </tr>
   </HeaderTemplate>
   <ItemTemplate>
     <tr onmouseover="this.style.backgroundColor='#e1e5ee';" onmouseout="this.style.backgroundColor=';">
         <td width="10%" align="center"><%# Container.ItemIndex+1 %></td>
         <td width="10%" align="left"><%# Eval("user_name")%></td>
         <td width="15%" align="left"><%# Eval("user_password").ToString().Length > 10 ? Eval("user_password").ToString().Substring(0, 10) : Eval("user_password").ToString()%></td>
         <td width="20%" align="left"><%# Eval("user_createtime")%></td>
         <td width="20%" align="left"><%# Eval("user_logintime")%></td>
         <td width="15%" align="left"><%# Eval("user_ip")%></td>
         <td width="10%" align="center" style="min-width:100px"><asp:LinkButton ID="lbtnalert" runat="server" CommandName="edit" Text="修改"></asp:LinkButton> | <asp:LinkButton ID="LinkButton1" OnClientClick="return confirm('确定删除吗？')" runat="server" CommandName="delete" Text="删除"></asp:LinkButton></td>
     </tr>
```

```html
        </ItemTemplate>
        <EditItemTemplate>
          <tr onmouseover="this.style.backgroundColor='#e1e5ee';" onmouseout="this.style.backgroundColor=';">
            <td width="10%" align="center"><%# Container.ItemIndex+1 %></td>
            <td width="10%" align="left"><asp:TextBox ID="txtuser" BackColor="#FFEE62" runat="server" Text='<%# Eval("user_name")%>'></asp:TextBox></td>
            <td width="15%" align="left"><asp:TextBox ID="txtpass" runat="server" BackColor="#FFEE62" Text=""></asp:TextBox></td>
            <td width="20%" align="left"><%# Eval("user_createtime")%></td>
            <td width="20%" align="left"><%# Eval("user_logintime")%></td>
            <td width="15%" align="left"><%# Eval("user_ip")%></td>
            <td width="10%" align="center" style="min-width:100px"><asp:LinkButton ID="lbtnalert" runat="server" CommandName="update" Text="更新"></asp:LinkButton> | <asp:LinkButton ID="LinkButton1" runat="server" CommandName="cancel" Text="取消"></asp:LinkButton></td>
          </tr>
        </EditItemTemplate>
        </asp:DataList>
        </td>
      </tr>
      <tr>
        <td colspan="7" align="center">
         
          </td>
      </tr>
</table>
        </td>
      </tr>
    </table></td>
    <td background="../images/mail_rightbg.gif"> </td>
  </tr>
  <tr>
    <td valign="bottom" background="../images/mail_leftbg.gif"> </td>
    <td background="../images/buttom_bgs.gif"></td>
    <td valign="bottom" background="../images/mail_rightbg.gif"> </td>
  </tr>
</table>
<asp:HiddenField ID="HiddenField1" runat="server" />
</form>
</body>
```

【任务实施】

1. 实现用户信息的查询

（1）实施步骤

- 打开站点：网站路径与名称"D:\WebDepartment\manager"。

- 建立网页：网页名称 D:\WebDepartment\manager 路径下的"Madmin.aspx"。
- 设置相应控件属性见表 7-4。
- 编写查询用户功能的代码。

（2）实施效果（按 F5 键运行）

如图 7-4 所示。

（3）部分关键代码

只有超级管理员才可以查看所有的管理员，对应查询功能的代码为 Madmin.aspx.cs 文件中的 bindate()方法。

```csharp
//定义了 AdminUserDAL 类的一个对象，用于完成用户表的增加、查询、删除、修改的功能
    AdminUserDAL admin = new AdminUserDAL();
    //定义了 AdminUser 表的一个类的对象，用于完成用户表类型的参数传递
    AdminUserModel madmin = new AdminUserModel();
    DataSet ds = new DataSet();
    /// <summary>
    ///根据 HiddenField1.Value 判断是超级管理员还是一般管理员，只有超级管理员才有管理用户的功能
    /// </summary>
    /// <param name="sender"></param>
    /// <param name="e"></param>
    protected void Page_Load(object sender, EventArgs e)
    {
        //Session["Mname"]不为空说明是合法身份进入后台
        if (!string.IsNullOrEmpty(Session["Mname"].ToString()))
        {
            ds = admin.GetList("user_name='" + Session["Mname"].ToString() + "'");
            if (ds.Tables[0].Rows.Count > 0)
            {
                HiddenField1.Value = ds.Tables[0].Rows[0][0].ToString();//用户 id
            }
            if (Session["Mname"].ToString() == "admin")
            {
                HiddenField1.Value = "1";
            }
        }
        //调用查询用户的方法
        if (!IsPostBack)
        {
            bindate();
        }
    }
    /// <summary>
    /// 根据用户角色查询不同的内容，只有超级管理员可以查看所有的用户，其他管理员只能查看自己的信息
    /// </summary>
```

```csharp
protected void bindate()
{
    if (!string.IsNullOrEmpty(HiddenField1.Value) && HiddenField1.Value != "1")
    {
        dldtype.DataSource = admin.GetList("user_id=" + HiddenField1.Value + " order by user_logintime desc");
        dldtype.DataBind();
    }
    else
    {
        dldtype.DataSource = admin.GetList("1=1 order by user_logintime desc");
        dldtype.DataBind();
    }
}
```

2. 实现用户信息的添加

（1）实施步骤
- 打开站点：网站路径与名称"D:\WebDepartment\manager"。
- 打开网页：网页名称为 D:\WebDepartment\manager 路径下的"Madmin.aspx"。
- 设置相应控件属性见表 7-4。
- 编写添加用户功能的代码。

（2）实施效果（按 F5 键运行）

如图 7-4 所示。

（3）部分关键代码

只有超级管理员才可以添加管理员，对应添加用户功能的代码为 Madmin.aspx.cs 文件中的 btnAdd_Click()方法。代码如下。

```csharp
/// <summary>
/// 单击"添加"按钮，完成用户的添加功能
/// </summary>
/// <param name="sender"></param>
/// <param name="e"></param>
protected void btnAdd_Click(object sender, EventArgs e)
{
    if (!string.IsNullOrEmpty(HiddenField1.Value) && HiddenField1.Value != "1")
    {
        Page.ClientScript.RegisterStartupScript(GetType(), "", "<script>alert('您没有此权限！')</script>");
        return;
    }
    if (txtname.Value == "" || txtpwd.Value == "")
    {
        Page.ClientScript.RegisterStartupScript(GetType(), "", "<script>alert('用户名或密码不能为空')</script>");
    }
```

```
            else
            {
                //给 madmin 对象的每一个属性赋值，每一个属性对应用户表的每一个字段
                madmin.user_name = txtname.Value.Trim();
                madmin.user_password = System.Web.Security.FormsAuthentication.HashPasswordForStoringIn
ConfigFile(txtpwd.Value.Trim(), "md5");
                madmin.user_logintime = DateTime.Now;
                madmin.user_createtime = DateTime.Now;
                madmin.user_ip = Request.ServerVariables.Get("Remote_Addr").ToString();
madmin.user_role=Convert.ToInt32(ddrole.SelectedValue.ToString());
//调用了 AdminUserDAL.cs 类中 Add()完成添加功能。
                admin.Add(madmin);
                Page.ClientScript.RegisterStartupScript(GetType(), "", "<script>alert('添加成功')</script>");
                //添加成功后用户刷新页面的
                bindate();
            }
            txtname.Value = "";
            txtpwd.Value = "";
        }
```

在 Madmin.aspx.cs 类中完成添加用户的方法调用了 AdminUserDAL.cs 类中 Add()的方法，代码如下。

```
        /// <summary>
        /// 增加一条数据
        /// </summary>
        public int Add(AdminUserModel model)
        {
            StringBuilder strSql=new StringBuilder();
            strSql.Append("insert into adminuser(");
            strSql.Append("user_name,user_password,user_createtime,user_ip,user_logintime,user_role)");
            strSql.Append(" values (");
strSql.Append("@user_name,@user_password,@user_createtime,@user_ip,@user_logintime,@user_role");
            strSql.Append(");select @@IDENTITY");
            SqlParameter[] parameters = {
                    new SqlParameter("@user_name", SqlDbType.NVarChar,50),
                    new SqlParameter("@user_password", SqlDbType.NVarChar,50),
                    new SqlParameter("@user_createtime", SqlDbType.SmallDateTime),
                    new SqlParameter("@user_ip", SqlDbType.NVarChar,50),
                    new SqlParameter("@user_logintime", SqlDbType.SmallDateTime),
                        new SqlParameter("@user_role",SqlDbType.Int,4) };
            parameters[0].Value = model.user_name;
            parameters[1].Value = model.user_password;
            parameters[2].Value = model.user_createtime;
            parameters[3].Value = model.user_ip;
```

```
            parameters[4].Value = model.user_logintime;
              parameters[5].Value = model.user_role;
        object obj = DbHelperSQL.GetSingle(strSql.ToString(),parameters);
        if (obj == null)
        {
            return 0;
        }
        else
        {
            return Convert.ToInt32(obj);
        }
    }
```

3. 实现用户信息的修改

（1）实施步骤
- 打开站点：网站路径与名称"D:\WebDepartment\manager"。
- 打开网页：网页名称为 D:\WebDepartment\manager 路径下的"Madmin.aspx"。
- 设置相应控件属性见表 7-4。
- 编写修改用户功能的代码。

（2）实施效果（按 F5 键运行）

如图 7-4 所示。

（3）部分关键代码

只有超级管理员才可以修改所有管理员信息，一般用户只能修改自己的信息，对应修改用户功能的代码为 Madmin.aspx.cs 文件中的 dldtype_UpdateCommand()方法。代码如下。

```
    /// <summary>
    /// 单击"编辑"按钮，记录处于编辑状态
    /// </summary>
    /// <param name="source"></param>
    /// <param name="e"></param>
    protected void dldtype_EditCommand(object source, DataListCommandEventArgs e)
    {
        dldtype.EditItemIndex = e.Item.ItemIndex;
        bindate();
    }
    /// <summary>
    /// 单击"更新"按钮，完成修改记录的功能。
    /// </summary>
    /// <param name="source"></param>
    /// <param name="e"></param>
    protected void dldtype_UpdateCommand(object source, DataListCommandEventArgs e)
    {
        int id = Convert.ToInt32(dldtype.DataKeys[e.Item.ItemIndex]);
        string u = ((TextBox)e.Item.FindControl("txtuser")).Text.Trim();
```

```csharp
            string p = ((TextBox)e.Item.FindControl("txtpass")).Text.Trim();
            if (p == "")
            {
                Page.ClientScript.RegisterStartupScript(GetType(), "", "<script>alert('密码不能为空')</script>");
                return;
            }
            //调用了 AdminUserDAL.cs 类中 GetModel()方法
            madmin = admin.GetModel(id);
            madmin.user_name = u;
            //将用户密码进行加密放到数据库中
            madmin.user_password =
System.Web.Security.FormsAuthentication.HashPasswordForStoringInConfigFile(p, "md5");
            //保存修改的用户对象信息到数据库
            admin.Update(madmin);
            Page.ClientScript.RegisterStartupScript(GetType(), "", "<script>alert('更新成功')</script>");
            dldtype.EditItemIndex = -1;
            bindate();
        }
```

在 Madmin.aspx.cs 类中完成修改用户的方法调用了 AdminUserDAL.cs 类中 GetModel()的方法，获得要修改的用户信息，代码如下。

```csharp
/// <summary>
///根据用户 id 号，得到一个用户表的对象实体
/// </summary>
public AdminUserModel GetModel(int user_id)
{
StringBuilder strSql=new StringBuilder();
strSql.Append("select  top 1 user_id,user_name,user_password,user_createtime,  user_ip,
        user_logintime,user_role from adminuser ");
strSql.Append(" where user_id=@user_id");
SqlParameter[] parameters = {
                new SqlParameter("@user_id", SqlDbType.Int,4)};
        parameters[0].Value = user_id;
            AdminUserModel model = new AdminUserModel();
            DataSet ds=DbHelperSQL.Query(strSql.ToString(),parameters);
            if(ds.Tables[0].Rows.Count>0)
            {
                if(ds.Tables[0].Rows[0]["user_id"]!=null && ds.Tables[0].Rows[0]["user_id"].ToString()!="")
                {
model.user_id=int.Parse(ds.Tables[0].Rows[0]["user_id"].ToString());
                }
    if(ds.Tables[0].Rows[0]["user_name"]!=null && ds.Tables[0].Rows[0]["user_name"].ToString()!="")
                {
model.user_name=ds.Tables[0].Rows[0]["user_name"].ToString();
```

```csharp
            }
            if(ds.Tables[0].Rows[0]["user_password"]!=null && ds.Tables[0].Rows[0]["user_password"].ToString()!="")
            {
                model.user_password=ds.Tables[0].Rows[0]["user_password"].ToString();
            }
            if(ds.Tables[0].Rows[0]["user_createtime"]!=null && ds.Tables[0].Rows[0]["user_createtime"].ToString()!="")
            {
                model.user_createtime=DateTime.Parse(ds.Tables[0].Rows[0]["user_createtime"].ToString());
            }
            if(ds.Tables[0].Rows[0]["user_ip"]!=null && ds.Tables[0].Rows[0]["user_ip"].ToString()!="")
            {
                model.user_ip=ds.Tables[0].Rows[0]["user_ip"].ToString();
            }
            if(ds.Tables[0].Rows[0]["user_logintime"]!=null && ds.Tables[0].Rows[0]["user_logintime"].ToString()!="")
            {
                model.user_logintime=DateTime.Parse(ds.Tables[0].Rows[0]["user_logintime"].ToString());
            }
            if (ds.Tables[0].Rows[0]["user_role"] != null && ds.Tables[0].Rows[0]["user_role"].ToString() != "")
            {
                model.user_role = Convert.ToInt32( ds.Tables[0].Rows[0]["user_role"]);
            }
            return model;
        }
        else
        {
            return null;
        }
    }
```

在Madmin.aspx.cs类中完成修改用户的方法调用了AdminUserDAL.cs类中Update()的方法，完成修改用户信息的功能，代码如下。

```csharp
    /// <summary>
    /// 更新一条数据
    /// </summary>
    public bool Update(AdminUserModel model)
    {
        StringBuilder strSql=new StringBuilder();
        strSql.Append("update adminuser set ");
        strSql.Append("user_name=@user_name,");
        strSql.Append("user_password=@user_password,");
        strSql.Append("user_createtime=@user_createtime,");
        strSql.Append("user_ip=@user_ip,");
        strSql.Append("user_logintime=@user_logintime,");
```

```csharp
                strSql.Append("user_role=@user_role");
                strSql.Append(" where user_id=@user_id");
            SqlParameter[] parameters = {
                    new SqlParameter("@user_name", SqlDbType.NVarChar,50),
                    new SqlParameter("@user_password", SqlDbType.NVarChar,50),
                    new SqlParameter("@user_createtime", SqlDbType.SmallDateTime),
                    new SqlParameter("@user_ip", SqlDbType.NVarChar,50),
                    new SqlParameter("@user_logintime", SqlDbType.SmallDateTime),
                    new SqlParameter("@user_role", SqlDbType.Int,4),
                     new SqlParameter("@user_id", SqlDbType.Int,4)   };
            parameters[0].Value=model.user_name;
            parameters[1].Value=model.user_password;
            parameters[2].Value=model.user_createtime;
            parameters[3].Value=model.user_ip;
            parameters[4].Value=model.user_logintime;
            parameters[5].Value=model.user_role;
            parameters[6].Value=model.user_id;
            int rows=DbHelperSQL.ExecuteSql(strSql.ToString(),parameters);
            if (rows > 0)
            {
                return true;
            }
            else
            {
                return false;
            }
    }
    /// <summary>
    /// 单击"取消"按钮,取消了编辑功能
    /// </summary>
    /// <param name="source"></param>
    /// <param name="e"></param>
    protected void dldtype_CancelCommand(object source, DataListCommandEventArgs e)
    {
        dldtype.EditItemIndex = -1;
        bindate();
    }
```

4. 实现用户信息的删除
(1) 实施步骤
- 打开站点:网站路径与名称"D:\WebDepartment\manager"。
- 打开网页:网页名称为 D:\WebDepartment\manager 路径下的"Madmin.aspx"。
- 设置相应控件属性见表 7-4。
- 编写删除用户功能的代码。

（2）实施效果（按 F5 键运行）

如图 7-4 所示。

（3）部分关键代码

只有超级管理员才可以修改所有管理员信息，一般用户只能修改自己的信息，对应修改用户功能的代码为 Madmin.aspx.cs 文件中的 ddldtype_DeleteCommand()方法。代码如下。

```
/// <summary>
/// 根据用户角色判断是否有删除权限，只有超级管理员才可以删除用户，并且超级管理员也不可以删除自己
/// </summary>
/// <param name="source"></param>
/// <param name="e"></param>
protected void dldtype_DeleteCommand(object source, DataListCommandEventArgs e)
{
    int id = Convert.ToInt32(dldtype.DataKeys[e.Item.ItemIndex]);
    if (HiddenField1.Value == "1")
    {
        if (id == 1)
        {
            Page.ClientScript.RegisterStartupScript(GetType(), "", "<script>alert('管理员 admin 不能删除！')</script>");
            return;
        }
        //调用了 AdminUserDAL.cs 类中 Delete()的方法，完成删除用户信息的功能
        admin.Delete(id);
    }
    else if (HiddenField1.Value != "")
    {
        ds = admin.GetList("user_id=" + HiddenField1.Value + " order by user_logintime desc");
        if (id.ToString() == ds.Tables[0].Rows[0][0].ToString())
        {
            Page.ClientScript.RegisterStartupScript(GetType(), "", "<script>alert('管理员自己不能删除自己！')</script>");
            return;
        }
    }
    else
    {
        Page.ClientScript.RegisterStartupScript(GetType(), "", "<script>alert('不能删除！')</script>");
        return;
    }
    Page.ClientScript.RegisterStartupScript(GetType(), "", "<script>alert('删除成功')</script>");
    bindate();
}
```

在 Madmin.aspx.cs 类中完成修改用户的方法调用了 AdminUserDAL.cs 类中 Delete()的方法，完成删除改用户信息的功能，代码如下。

```csharp
/// <summary>
/// 删除一条数据
/// </summary>
public bool Delete(int user_id)
{
    StringBuilder strSql=new StringBuilder();
    strSql.Append("delete from adminuser ");
    strSql.Append(" where user_id=@user_id");
    SqlParameter[] parameters = {
            new SqlParameter("@user_id", SqlDbType.Int,4)};
    parameters[0].Value = user_id;
    int rows=DbHelperSQL.ExecuteSql(strSql.ToString(),parameters);
    if (rows > 0)
    {
        return true;
    }
    else
    {
        return false;
    }
}
```

任务 7.3　实现网站项目新闻资讯编辑功能

【任务描述】

设计一个"新闻信息的查询"页面，设计界面如图 7-6 所示，运行效果如图 7-7 所示。完成新闻信息的查询功能。

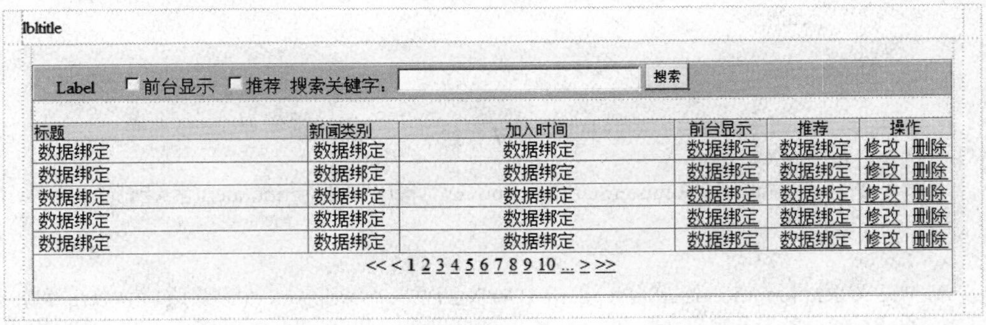

图 7-6　新闻信息查询界面

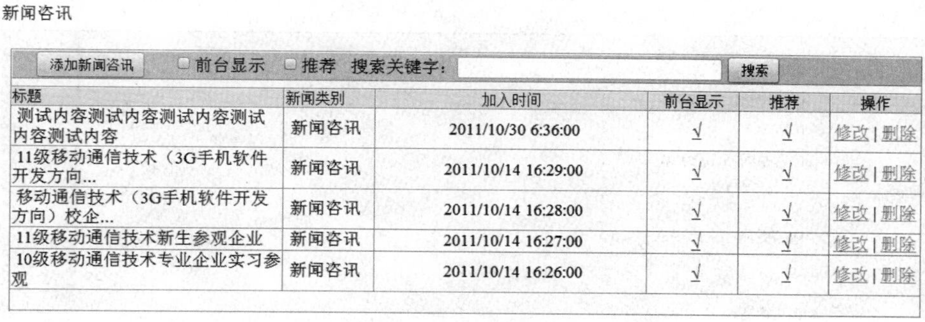
新闻咨讯

添加新闻咨讯　□前台显示　□推荐　搜索关键字：　搜索

标题	新闻类别	加入时间	前台显示	推荐	操作
测试内容测试内容测试内容测试内容测试内容	新闻咨讯	2011/10/30 6:36:00	√	√	修改 | 删除
11级移动通信技术（3G手机软件开发方向...	新闻咨讯	2011/10/14 16:29:00	√	√	修改 | 删除
移动通信技术（3G手机软件开发方向）校企...	新闻咨讯	2011/10/14 16:28:00	√	√	修改 | 删除
11级移动通信技术新生参观企业	新闻咨讯	2011/10/14 16:27:00	√	√	修改 | 删除
10级移动通信技术专业企业实习参观	新闻咨讯	2011/10/14 16:26:00	√	√	修改 | 删除

图 7-7　新闻信息查询运行效果

设计一个“新闻信息的编辑”页面，设计界面如图 7-8 所示，运行效果如图 7-9 所示。完成新闻资讯的添加、修改、删除的功能。

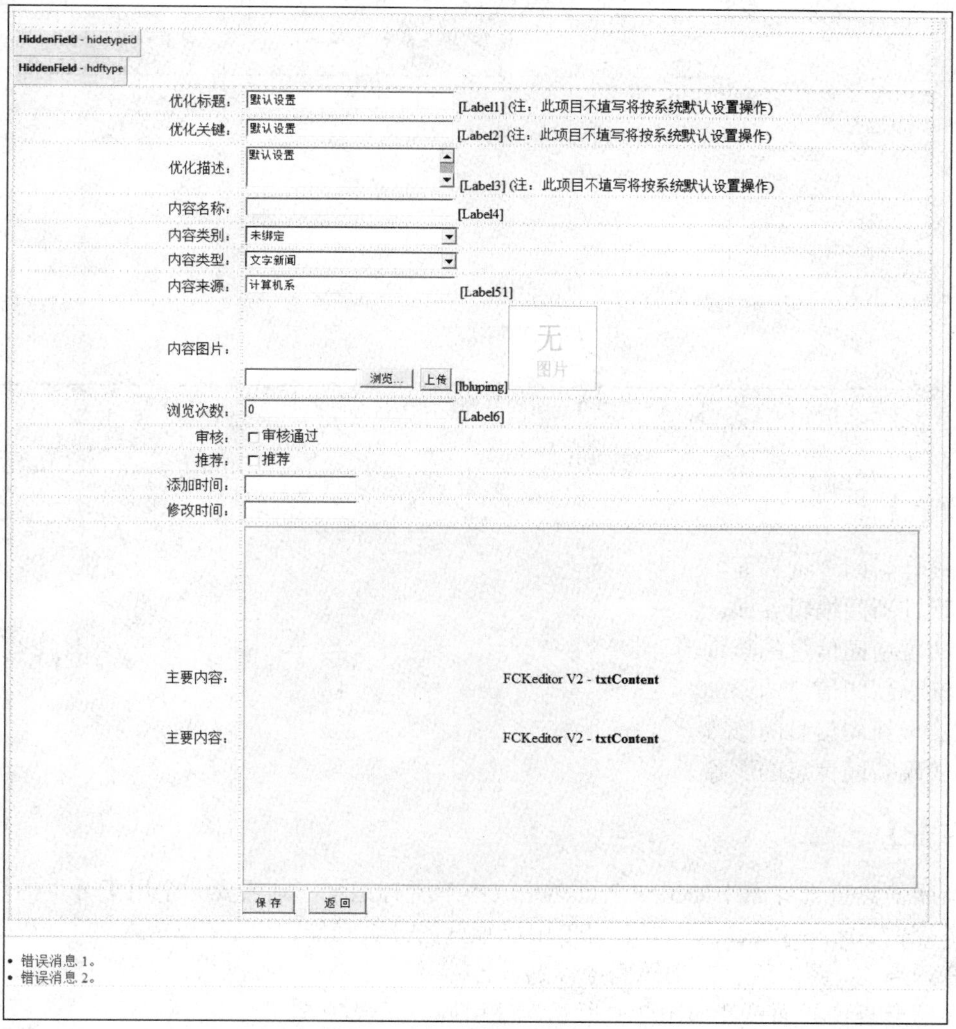

图 7-8　新闻信息编辑界面

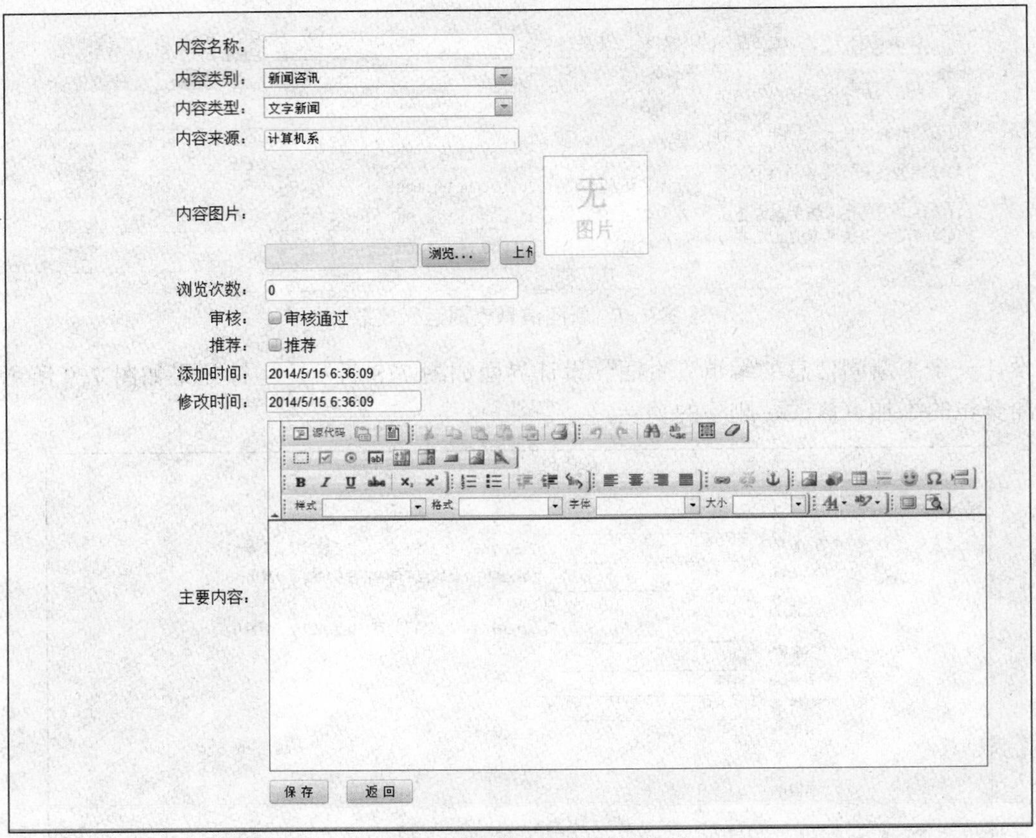

图 7-9 新闻信息编辑运行界面

【任务清单】

① 设计新闻查询界面。
② 设计新闻编辑界面。
③ 实现新闻信息的查询。
④ 实现新闻信息的添加。
⑤ 实现新闻信息的修改。
⑥ 实现新闻信息的删除。

【任务准备】

在新闻信息查询界面中如果一个页面是放不下所有记录，则需要一个用于分页的控件。第三方分页控件 AspNetPager1 在 ASP.NET 中能很好的分页功能。

知识点 1　新闻信息查询界面控件的设计

新闻信息查询界面设计如图 7-6 所示。使用控件见表 7-5。

表 7-5 新闻信息查询管理界面使用控件简介

序号	控件类型	ID/名称	属性值	备注
1	Input	key		要查询新闻的关键字
2	Button	btnQuery	Text=搜索	标准按钮控件"搜索"按钮
3	Repeate	rptNewslist		数据显示控件
4	LinkButton	CommandName="delete"	Text=删除	数据显示控件中的删除按钮
5	HiddenField	HiddenField1、HiddenField1	标准隐藏域控件,运行时不可见控件	
6	AspNetPager	AspNetPager1	第三方控件,分页控制控件	
7	CheckBox	chkrem	Text=推荐	复选框
8	CheckBox	chkshow	Text=前台显示	复选框
9	Label	lblbtn		动态显示文本内容
10	Label	lbltitle		用于显示咨询标题

知识点 2　新闻信息查询界面源代码的设计

新闻信息界面对应的页面文件是 NewsList.aspx,对应界面如图 7-8 所示,其核心源代码如下。

```
<body>
    <tr style=" font-size:14px;" id="titleone">
        <td width="30%" align="left" bgcolor="#e1e5ee">标题</td>
        <td width="10%" align="left" bgcolor="#e1e5ee">新闻类别</td>
        <td width="30%" align="center" bgcolor="#e1e5ee">加入时间</td>
        <td width="10%" align="center" bgcolor="#e1e5ee">前台显示</td>
        <td width="10%" align="center" bgcolor="#e1e5ee">推荐</td>
        <td width="10%" align="center" bgcolor="#e1e5ee">操作</td>
    </tr>
    <asp:Repeater ID="rptNewslist" runat="server"
            onitemcommand="rptNewslist_ItemCommand">
        <ItemTemplate>
            <tr onmouseover="this.style.backgroundColor='#e1e5ee';" onmouseout="this.style.backgroundColor='';">
                <td align="left"> <%#Common.GetContentSummary(Eval("news_name").ToString(),20,false)%></td>
                <td align="left"> <%# getname(Convert.ToInt32(Eval("news_type")))%></td>
                <td align="center"> <%#Eval("news_createtime")%></td>
                <td align="center"> <asp:LinkButton ID="lbtshenhe" Text='<%#Getshenhe(Eval("news_isshow"))%>' ForeColor='<%#GetshenheColor(Eval("news_isshow"))%>' runat="server" CommandName='<%#Eval("news_isshow") %>' CommandArgument='<%#Eval("news_id") %>'></asp:LinkButton></td>
                <td align="center"> <asp:LinkButton ID="LinkButton2" Text='<%#Getrem(Eval("news_recommand"))%>' ForeColor='<%#GetremColor(Eval("news_recommand"))%>' runat="server" CommandName='rem' CommandArgument='<%#Eval("news_id") %>'></asp:LinkButton></td>
                <td align="center">
                    <a href="AddNews.aspx?id=<%#Eval("news_id") %>&tid=<%#Eval("news_type") %>"> 修 改 </a> |
```

```
<asp:LinkButton  ID="LinkButton1"  runat="server"  CommandName="delete"
CommandArgument='<%#Eval("news_id") %>' OnClientClick="return confirm('确认删除吗?')">删除</asp:LinkButton>
    </td>
  </tr>
</ItemTemplate>
    </asp:Repeater>
    <tr>
    <td colspan="7" align="center">
         <webdiyer:AspNetPager ID="AspNetPager1" runat="server">
         </webdiyer:AspNetPager>
          
       </td>
  </tr>
</table>
```

知识点 3 设置第三方分页控件

设置第三方分页控制控件 AspNetPager1 属性步骤如下。
- 从网络中下载 AspNetPager.dll 动态库。
- 本网站根目录下 bin 中添加 AspNetPager.dll 引用。
- 在 Web 页面 NewsList.aspx 和 list.aspx 源代码中添加此控件的注册代码。生成代码如下。

```
<% @ Register assembly="AspNetPager" namespace="Wuqi.Webdiyer" tagprefix="webdiyer" %>
```

- 设置该控件的属性。ID 属性值为 AspNetPager1，每一页页数为 15。对应在页面 NewsList.aspx 中源代码如下。

```
<webdiyer:AspNetPager ID="AspNetPager1" runat="server"
onpagechanged="AspNetPager1_PageChanged" PageSize="15" Width="90%">
</webdiyer:AspNetPager>
```

知识点 4 新闻信息编辑界面的设计

新闻信息编辑界面对应文件是 AddNews.aspx，设计如图 7-8 所示。使用控件见表 7-6。

表 7-6 新闻信息编辑管理界面使用控件简介

序号	控件类型	ID/名称	属性值	备注
1		txtnewstitle		内容名称
2		txtnewscomefrom	Text=计算机	内容来源
3		txtnewsread	Text=0	新闻浏览次数
4	TextBox	txtseotitle		优化标题，运行时不可见
5		txtseokeyword	Text=默认设置	优化关键字，运行时不可见
6		txtdescrib		优化描述，运行时不可见
7		lbladdtime		添加新闻时间
8		lblaltertime		修改新闻时间

续表

序号	控件类型	ID/名称	属性值	备注
9		btnSave	Text=保存	标准按钮控件"保存"按钮
10	Button	btnBack	Text=返回	标准按钮控件"返回"按钮
11		btnup	Text=上传	标准按钮控件"上传"按钮
12	Label	Label1、Label2、Label3、Label4、Label51、Label6		分别用于设置6个TextBox控件的divMessageId值
13		lblupimg		上传图片路径描述
14	TextBox	lbladdtime		添加新闻时间
15		lblaltertime		修改新闻时间
16	DropDownList	ddlnewstype		表示内容类别：新闻类型、行业动态、专业简介、市场动态等
17		ddlIsImage		内容类型，是"文字新闻"还是"图片新闻"
18	Input	File1		上传文件控件
19	Image	imgshow		上传的图片
20	LinkButton	CommandName="delete"	Text=删除	数据显示控件中的删除按钮
21	HiddenField	hidetypeid、hdftype		标准隐藏域控件，运行时不可见控件
22	CheckBox	chkrem	Text=推荐	复选框
23		chkhot	Text=审核通过	复选框
24	FCKeditorV2	txtContent		编辑咨询内容，第三方控件

知识点5 设置第三方内容编辑控件

设置第三方内容编辑控制控件FCKeditorV2属性步骤如下。
- 从网络中下载FredCK.FCKeditorV2.dll动态库。
- 本网站根目录下bin中添加FredCK.FCKeditorV2.dll引用。
- 在Web页面content.aspx源代码中添加此控件的注册代码。生成代码如下。

<%@ Register TagPrefix="FCKeditorV2" Namespace="FredCK.FCKeditorV2" Assembly="FredCK.FCKeditorV2" %>

- 设置该控件的属性。ID属性值为"txtContent"，对应在页面AddNews.aspx中源代码如下。

<FCKeditorV2:FCKeditor id="txtContent" runat="server" width='99%' height='350' BasePath="~/manager/fckeditor/">
</FCKeditorV2:FCKeditor>

【任务实施】

1. 实现新闻信息的查询

（1）实施步骤
- 打开站点：网站路径与名称"D:\WebDepartment\manager"。

- 建立网页：网页名称 D:\WebDepartment\manager 路径下的"NewsList.aspx。
- 设置相应控件属性为表 7-5。
- 编写新闻信息查询的功能代码。

（2）实施效果（按 F5 键运行）

如图 7-7 所示。

（3）部分关键代码

对应新闻查询功能的代码为 NewsList.aspx.cs 文件中的 bindate()方法。

```
/// <summary>
/// 根据传入新闻的类型即 tid 查询本类型的新闻资讯
/// </summary>
protected void binddate()
{
        if (Request.QueryString["tid"] != null)
        {
            typeid = Request["tid"];
            sb.Append("1=1");
            sb.Append(" and news_type=" + typeid);
            lbltitle.Text = getType(typeid);
            lblbtn.Text = "<input id=\"Button1\" type=\"button\" value=\"添加" + getType(typeid) + "\" target=\"_blank\" style=\"height:25px\" onclick=\"location='AddNews.aspx?tid=" + typeid + "';\" />";
            if (chkshow.Checked == true)
            {
                sb.Append(" and news_isshow=1");
            }
            if (chkrem.Checked == true)
            {
                sb.Append(" and news_recommand=1");
            }
            if (this.key.Value != "")
            {
                sb.Append(" and news_name like '%" + key.Value.Trim() + "%'");
            }
            sb.Append("  order by news_createtime desc");
            Session["sqlSb"] = sb.ToString();
            ds = dn.GetList(sb.ToString());
            //以下为用于实现分页功能的代码
            ps.DataSource = ds.Tables[0].DefaultView;
            ps.AllowPaging = true;
            AspNetPager1.RecordCount = ds.Tables[0].Rows.Count;
            ps.CurrentPageIndex = AspNetPager1.CurrentPageIndex - 1;
            ps.PageSize = AspNetPager1.PageSize;
```

```
            //与前台页面的数据绑定控件进行数据的绑定
            this.rptNewslist.DataSource = ps;
            this.rptNewslist.DataBind();
        }
    }
```

2. 实现新闻信息的添加
（1）实施步骤
- 打开站点：网站路径与名称"D:\WebDepartment\manager"。
- 建立网页：网页名称为 D:\WebDepartment\manager 路径下的"AddNews.aspx"。
- 设置相应控件属性见表 7-6。
- 编写新闻信息添加的功能代码。

（2）实施效果（按 F5 键运行）
如图 7-8 所示。
（3）部分关键代码
对应新闻添加功能的代码为 AddNews.aspx.cs 文件中的 btnSave_Click()方法。

```
/// <summary>
/// "保存"按钮完成新闻添加和修改功能
/// 根据 hidetypeid.Value 的值来判断是添加功能还是修改功能
/// 如果 hidetypeid.Value=0，说明是添加功能，否者为修改功能
/// </summary>
/// <param name="sender"></param>
/// <param name="e"></param>
protected void btnSave_Click(object sender, EventArgs e)
{
    try
    {
        if (hidetypeid.Value == "0")
        {
            mn.news_alertime = DateTime.Parse(this.lblaltertime.Text);
            mn.news_comefrom = txtnewscomefrom.Text.Trim();
            if (txtContent.Value == "")
            {
                Page.ClientScript.RegisterStartupScript(this.GetType(), "", "alert('新闻内容不能为空')", true);
                return;
            }
            mn.news_image = lblupimg.Text.Trim();
            mn.news_content = txtContent.Value.Trim();
            mn.news_createtime = DateTime.Parse(this.lbladdtime.Text);
            mn.news_describ = txtdescrib.Text.Trim();
            mn.news_isimage = int.Parse(ddlIsImage.SelectedValue);
```

```csharp
            if (chkhot.Checked == true)
            {
                mn.news_isshow = 1;
            }
            else
            {
                mn.news_isshow = 0;
            }
            if (chkrem.Checked == true)
            {
                mn.news_recommand = 1;
            }
            else
            {
                mn.news_recommand = 0;
            }
            mn.news_keyword = txtseokeyword.Text.Trim();
            mn.news_name = txtnewstitle.Text.Trim();
            mn.news_seetime = Convert.ToInt32(txtnewsread.Text.Trim());
            mn.news_seotitle = txtseotitle.Text.Trim();
            if (ddlnewstype.SelectedValue == "0")
            {
                Page.ClientScript.RegisterStartupScript(this.GetType(), "", "alert('选择新闻分类')", true);
                return;
            }
            mn.news_type = Convert.ToInt32(ddlnewstype.SelectedValue);
            mn.news_sort = dn.GetAllList().Tables[0].Rows.Count + 1;
            dn.Add(mn);
        }
        else
        {
            //根据出入的要修改的那条记录的主键值，获得要修改的那条记录的相关信息，进行修改
            mn = dn.GetModel(Convert.ToInt32(hidetypeid.Value));
            mn.news_alertime = DateTime.Parse(this.lblaltertime.Text);
            mn.news_comefrom = txtnewscomefrom.Text.Trim();
            if (txtContent.Value == "")
            {
                Page.ClientScript.RegisterStartupScript(this.GetType(), "", "alert('新闻内容不能为空')", true);
                return;
            }
            mn.news_image = lblupimg.Text.Trim();
            mn.news_content = txtContent.Value.Trim();
```

```csharp
            mn.news_describ = txtdescrib.Text.Trim();
            mn.news_isimage = int.Parse(ddlIsImage.SelectedValue);
            if (chkhot.Checked == true)
            {
                mn.news_isshow = 1;
            }
            else
            {
                mn.news_isshow = 0;
            }
            if (chkrem.Checked == true)
            {
                mn.news_recommand = 1;
            }
            else
            {
                mn.news_recommand = 0;
            }
            mn.news_keyword = txtseokeyword.Text.Trim();
            mn.news_name = txtnewstitle.Text.Trim();
            mn.news_seetime = Convert.ToInt32(txtnewsread.Text.Trim());
            mn.news_seotitle = txtseotitle.Text.Trim();
            if (ddlnewstype.SelectedValue == "0")
            {
                Page.ClientScript.RegisterStartupScript(this.GetType(), "", "alert('选择新闻分类')", true);
                return;
            }
            mn.news_type = Convert.ToInt32(ddlnewstype.SelectedValue);
            mn.news_id = Convert.ToInt32(hidetypeid.Value);
            mn.news_createtime = DateTime.Parse(this.lbladdtime.Text);
            dn.Update(mn);
        }
        Page.ClientScript.RegisterStartupScript(this.GetType(), "", "alert('操作成功');location.href('NewsList.aspx?tid=" + hdftype.Value + "');", true);
    }
    catch
    {
        Page.ClientScript.RegisterStartupScript(this.GetType(), "", "alert('操作失败')", true);
        return;
    }
}
```

3. 实现新闻信息的修改

（1）实施步骤
- 打开站点：网站路径与名称"D:\WebDepartment\manager"。
- 打开网页：网页名称为 D:\WebDepartment\manager 路径下的"AddNews.aspx"。
- 设置相应控件属性见表 7-6。
- 编写修改新闻信息的功能代码。

（2）实施效果（按 F5 键运行）

如图 7-8 所示。

（3）部分关键代码

对应新闻修改功能的代码参见 AddNews.aspx.cs 文件中的 btnSave_Click()方法。

4. 实现新闻信息的删除

（1）实施步骤
- 打开站点：网站路径与名称"D:\WebDepartment\manager"。
- 打开网页：网页名称为 D:\WebDepartment\manager 路径下的"AddNews.aspx"。
- 设置相应控件属性见表 7-6。
- 编写修改新闻信息的功能代码。

（2）实施效果（按 F5 键运行）

如图 7-8 所示。

（3）部分关键代码

对应新闻修改功能的代码参看 NewsList.aspx.cs 文件中的 rptNewslist_ItemCommand () 方法。

```csharp
/// <summary>
/// 完成新闻信息编辑功能
/// </summary>
/// <param name="source"></param>
/// <param name="e"></param>
protected void rptNewslist_ItemCommand(object source, RepeaterCommandEventArgs e)
{
        string d = e.CommandName;
        string Id = "0";
        if (e.CommandArgument.ToString() != null)
        {
            Id = e.CommandArgument.ToString();
        }
        int Item = e.Item.ItemIndex;

        //完成新闻信息的删除

        if (e.CommandName == "delete")
        {
            int id = Convert.ToInt32(e.CommandArgument);
```

```csharp
            string imagefile = getimagepath(id.ToString());
            if (System.IO.File.Exists(Server.MapPath("~/Files/") + imagefile))
            {
                System.IO.File.Delete(Server.MapPath("~/Files/" + imagefile));
            }
            dn.Delete(id);
            Page.ClientScript.RegisterStartupScript(this.GetType(), "", "<script>alert('删除成功')</script>");
        }
        //推荐审核功能修改
        else if (e.CommandName == "rem")
        {
            try
            {
                string _Value = getrem(Convert.ToInt32(e.CommandArgument.ToString()));
                if (_Value == "0")
                {
                    _Value = "1";
                }
                else
                {
                    _Value = "0";
                }
                Maticsoft.DBUtility.DbHelperSQL.ExecuteSql("UPDATE news SET news_recommand=" + _Value + " WHERE news_id=" + e.CommandArgument.ToString());
            }
            catch
            {
                return;
            }
        }
        //前台显示功能修改
        else
        {
            try
            {
                string _Value = "0";
                if (e.CommandName.ToString() == "0")
                {
                    _Value = "1";
                }
                Maticsoft.DBUtility.DbHelperSQL.ExecuteSql("UPDATE news SET news_isshow=" + _Value + " WHERE news_id=" + e.CommandArgument.ToString());
            }
            catch (Exception)
            {
                return;
```

            }
        }
        binddate();
    }

任务 7.4　实现网站项目客户端功能

【任务描述】

1. 设计一个"计算机系网站首页",首页设计如图 7-10 所示,运行效果如图 7-11 所示。完成首页信息的显示功能。

图 7-10　首页界面运行设计效果图

图 7-11　首页界面运行效果图

2. 设计一个"计算机系网站列表页",列表页设计如图 7-12 所示,运行效果如图 7-13 所示。完成首页信息列表显示功能。

图 7-12　网站列表页设计

图 7-13　网站列表界面运行效果图

3. 设计一个"计算机系网站内容页",列表页设计如图 7-14 所示,运行效果如图 7-15 所示。完成首页信息内容显示功能。

图 7-14　网站内容页设计图

图 7-15　网站内容页运行效果图

【任务清单】

① 设计网站首页界面。
② 设计网站列表页界面。

③ 设计网站内容页界面。
④ 实现网站首页信息显示功能。
⑤ 实现网站列表信息显示功能。
⑥ 实现网站内容页信息显示功能。

【任务准备】

在网站首页信息显示中，使用了两个 Repeater 控件分别用于显示新闻资讯和学生风采，使用一个 Literal 文本控件用于显示系部简介。网站列表页信息列表使用了一个 Repeater 控件，完成信息显示功能，为了实现分页功能使用了一个第三方分页控件，上一个任务已经介绍过分页控件的使用，不再详细介绍。网站内容页使用 5 个 Literal 文本控件用于详细新闻的详细内容。

知识点 1 网站首页控件的设计

网站首页界面设计如图 7-10 所示。使用控件见表 7-7。

表 7-7 网站首页使用控件简介

序号	控件类型	ID/名称	备注
1	Repeater	rptnews	显示新闻资讯
2		Rptimage	显示学生风采
3	Literal	Literal1	显示系部简介的文字

知识点 2 网站首页源代码的设计

网站首页界面对应的页面文件是 index.aspx，对应界面如图 7-10 所示，其核心源代码如下。

```
<div id="con_a">
<div class="con_a_l">
<div class="title_a"><span><a href="List.aspx?tid=1"><img src="images/lhfs_r6_c9.jpg" width="36" height="7" /></a></span><h3>新闻资讯</h3>
</div>
  <ul class="all_a">
   <asp:Repeater ID="rptnews" runat="server">
   <ItemTemplate>
        <li><span><%#Eval("news_alertime","{0:yyyy-MM-dd}") %></span><a href='content.aspx?nid=<%#Eval("news_id") %>' target="_blank" title='<%#Eval("news_name") %>'><%#Common.GetContentSummary(Eval("news_name").ToString(),17,false) %></a></li>

   </ItemTemplate>
   </asp:Repeater>
   </ul>
   </div>
   <div class="con_a_m">
   <div class="title_a"><span><a href="List.aspx?tid=4"><img src="images/lhfs_r6_c9.jpg" width="36" height="7" /></a></span><h3>学生风采</h3>
   </div>
```

```
<div class="img-scrolla">
<span class="preva"></span>
<span class="nexta"></span>
<div class="img-lista">
    <ul>
    <asp:Repeater ID="Rptimage" runat="server">
           <ItemTemplate>
                  <li><a href='content.aspx?nid=<%#Eval("news_id") %>'target=_blank><img border=0 src='Files/<%#Eval("news_image") %>' width="130" height="95"    alt=""/></a></li>
                </ItemTemplate>
       </asp:Repeater>
       </ul>
</div>
</div>
<div class="con_a_r">
<div class="title_a">
    <h3>系部简介</h3>
</div>
<div class="dh"><img src="images/lhfs_r10_c13.jpg" width="240" height="55" /></div>
<p>
       <asp:Literal ID="Literal1" runat="server"></asp:Literal>
</p>
</div>
</div>
```

知识点 3　网站列表页控件的设计

网站首页界面设计如图 7-12 所示。使用控件见表 7-8。

表 7-8　网站列表使用控件简介

序号	控件类型	ID/名称	备注
1	Repeater	Repeater1	显示新闻列表
2	AspNetPager	AspNetPager1	第三方分页控件

知识点 4　网站列表页源代码的设计

网站列表页界面对应的页面文件是 list.aspx，对应界面如图 7-12 所示，其核心源代码如下。

```
<div class="weizhi"><p>您的位置：<a href="index.aspx">首页</a><span>列表页</span></p></div>
<ul class="all_g">
<asp:Repeater ID="Repeater1" runat="server">
    <ItemTemplate>
      <li><span><%#Eval("news_alertime","{0:yyyy/mm/dd}") %></span><a href='content.aspx?nid=<%#Eval("news_id")%>&tid=<%#Request["tid"]%>'><%#Common.GetContentSummary(Eval("news_name").ToString(),20,true) %></a></li>
    </ItemTemplate>
</asp:Repeater>
```

```
    </ul>
<div class="fenye" >
    <webdiyer:AspNetPager ID="AspNetPager1" runat="server"
        onpagechanged="AspNetPager1_PageChanged" PageSize="3" >
    </webdiyer:AspNetPager>
</div>
```

知识点 5 网站内容页控件的设计

网站首页界面设计如图 7-14 所示。使用控件见表 7-9。

表 7-9 网站列表使用控件简介

序号	控件类型	ID/名称	备注
1	Literal	litNewsTitle	显示新闻标题
2		litNewsComeFrom	显示新闻来源
3		litNewsTime	显示新闻发布的时间
4		litNewsClicks	显示浏览新闻的次数
5		litNewsContent	显示新闻的内容

知识点 6 网站内容页源代码的设计

网站内容也界面对应的页面文件是 content.aspx，对应界面如图 7-14 所示，核心源代码如下：

```
<div class="weizhi"><p>您的位置：<a href="index.aspx">首页</a>&gt;<span>内容页</span></p></div>
<div class="title_e">
    <h3>
        <asp:Literal ID="litNewsTitle" runat="server"></asp:Literal></h3>
    <p>文章来源： <asp:Literal ID="litNewsComeFrom" runat="server"></asp:Literal>          发布时间：
        <asp:Literal ID="litNewsTime" runat="server"></asp:Literal>   点击数量： <asp:Literal
            ID="litNewsClicks" runat="server"></asp:Literal></p></div>
<div class="nr_r_c">
<p>
    <asp:Literal ID="litNewsContent" runat="server"></asp:Literal>
</p>
</div>
```

【任务实施】

1. 实现网站首页信息显示

（1）实施步骤
- 打开站点：网站路径与名称"D:\WebDepartment"。
- 建立网页：网页名称为 D:\WebDepartment 路径下的"index.aspx。
- 设置相应控件属性见表 7-7。
- 编写首页信息显示功能代码。

（2）实施效果（按 F5 键运行）

如图 7-11 所示。

（3）部分关键代码

对应网站首页信息显示功能的代码为 index.aspx.cs 文件中的 BindData()方法。

```csharp
/// <summary>
///    调用公共类 Common 中的 BindRepeater 方法完成首页数据空间的数据绑定功能
/// </summary>
protected void BindData()
{
    NewsDAL dnews = new NewsDAL();
    string id = string.Empty;
    DataTable dt = new DataTable();
    //绑定新闻
    Common.BindRepeater(rptnews, 4, " news_type=1 and news_isshow=1 " + " order by news_recommand desc, news_alertime desc");
    //绑定系部简介
    dt = dnews.GetList(1, " news_type=7 and news_isshow=1 order by news_recommand desc, news_alertime desc").Tables[0];
    if (dt.Rows.Count > 0)
    {
        Literal1.Text = Common.GetContentSummary(dt.Rows[0]["news_content"].ToString(), 38, true) + "<a href=\"content.aspx?nid=" + dt.Rows[0][0] + "\" target=\"_blank\" >详细信息</a>";//[<a href='content.aspx?nid='>详细内容</a>]

    }

    //绑定学生风采
    Common.BindRepeater(Rptimage, 2, " news_type=4 and news_isshow=1 and news_isimage=1 order by news_recommand desc, news_alertime desc");
}
```

Common 中的 BindRepeater 方法核心内容如下。

```csharp
/// <summary>
/// 绑定 Repeater(前 top 条新闻)
/// </summary>
/// <param name="rpt">Repeater 控件 id 号</param>
/// <param name="top">top 个数</param>
/// <param name="strWhere">news 条件</param>
public static void BindRepeater(Repeater rpt,int top, string strWhere)
{
    NewsDAL bnews = new NewsDAL();
    rpt.DataSource = bnews.GetList(top,strWhere);
    rpt.DataBind();
}
```

调用 NewsDAL 类的 bnews.GetList()方法的核心代码如下。

```csharp
/// <summary>
        /// 根据传入的查询条件获得前几行数据
        /// </summary>
        public DataSet GetList(int Top, string strWhere, string filedOrder)
        {
            StringBuilder strSql = new StringBuilder();
            strSql.Append("select ");
            if (Top > 0)
            {
                strSql.Append(" top " + Top.ToString());
            }
            strSql.Append(" news_id,news_seotitle,news_keyword,news_describ,news_name,news_content,news_createtime,news_alertime,news_comefrom,news_seetime,news_isshow,news_recommand,news_type,news_image,news_isimage,news_sort ");
            strSql.Append(" FROM news ");
            if (strWhere.Trim() != "")
            {
                strSql.Append(" where " + strWhere);
            }
            strSql.Append(" order by " + filedOrder);
            return DbHelperSQL.Query(strSql.ToString());
        }
```

2. 实现网站列表信息显示

（1）实施步骤
- 打开站点：网站路径与名称"D:\WebDepartment"。
- 建立网页：网页名称为 D:\WebDepartment 路径下的"list.aspx"。
- 设置相应控件属性见表 7-8。
- 编写网站列表信息显示的功能代码。

（2）实施效果（按 F5 键运行）

如图 7-13 所示。

（3）部分关键代码

对应网站列表信息显示功能的代码为 list.aspx.cs 文件中的 BindData()方法。实现第三方分页控件的功能代码是文件中的 PagerBind()方法。其核心代码如下。

```csharp
/// <summary>
        ///根据传入的类型号 tid 的值获得这个类型的所有记录
        /// </summary>
        protected void BindData()
        {
            if (!string.IsNullOrEmpty(Request["tid"]))
            {
```

```csharp
            string tid = Request["tid"];
            ds = dn.GetList(" news_type=" + tid + " order by news_alertime desc");
            //判断如果只有一条记录,直接进入内容页显示显示信息
            if (ds.Tables[0].Rows.Count == 1)
            {
                Response.Redirect("Content.aspx?nid=" + ds.Tables[0].Rows[0]["news_id"].ToString());
            }
            //调用分页功能的数据绑定
            else
            {
                PagerBind(Repeater1, ds, AspNetPager1);
            }
        }
        else
        {
            Page.ClientScript.RegisterStartupScript(this.GetType(), "", "alter('false')");
        }
    }
    /// <summary>
    /// 给第三方分页控件完成数据绑定功能
    /// </summary>
    /// <param name="rpt"></param>
    /// <param name="ds"></param>
    /// <param name="AspNetPager1"></param>
    protected void PagerBind(Repeater rpt, DataSet ds, AspNetPager AspNetPager1)
    {
        PagedDataSource pds = new PagedDataSource();
        //设计记录个数
        AspNetPager1.RecordCount = ds.Tables[0].Rows.Count - 1;
        //设置数据源
        pds.DataSource = ds.Tables[0].DefaultView;
        //设置分页开启
        pds.AllowPaging = true;
        //设置每一页记录个数
        pds.PageSize = AspNetPager1.PageSize;
        pds.CurrentPageIndex = AspNetPager1.CurrentPageIndex - 1;
        rpt.DataSource = pds;
        rpt.DataBind();
    }
```

3. 实现网站内容页信息显示

(1)实施步骤

- 打开站点:网站路径与名称"D:\WebDepartment"。
- 建立网页:网页名称为 D:\WebDepartment 路径下的"content.aspx"。
- 设置相应控件属性见表 7-9。

- 编写网站内容信息显示的功能代码。

（2）实施效果（按 F5 键运行）

如图 7-15 所示。

（3）部分关键代码

对应网站列表信息显示功能的代码为 content.aspx.cs 文件中的 BindData()方法。其核心代码如下。

```
/// <summary>
/// 根据传入的新闻主键的 id 号 nid 的值获得这条记录的详细内容
///设置前台对应控件的文本属性值
/// </summary>
protected void BindData()
{
        if (!string.IsNullOrEmpty(Request["nid"]))
        {
                string nid = Request["nid"];
                //调用 NewsDAL 类对象 dhn 的 GetModel 方法获得 NewsModel 类一个对象 mhn
                mhn = dhn.GetModel(int.Parse(nid));
                //新闻的标题
                litNewsTitle.Text = mhn.news_name;
                //新闻的来源
                litNewsComeFrom.Text = mhn.news_comefrom;
                //新闻的发布的时间
                litNewsTime.Text = mhn.news_alertime.Value.ToString("yyyy-MM-dd");
                //新闻的内容
                litNewsContent.Text = mhn.news_content;
                //新闻设置新闻浏览的次数
                int seetimes = mhn.news_seetime.Value;
                seetimes = seetimes + 1;
                mhn.news_seetime = seetimes;
                litNewsClicks.Text = seetimes.ToString();
                //更新数据库中浏览的次数
                dhn.Update(mhn);
        }
        else
        {
                ClientScriptManager cli = this.ClientScript;
                cli.RegisterStartupScript(GetType(), "onclick", "alert('类型不匹配');", true);
        }
}
```

NewsDAL 类对象 dhn 的 GetModel 方法核心代码如下。

```
/// <summary>
/// 根据传入的新闻主键值，得到一个新闻类 NewsModel 的对象实体
```

```csharp
        /// </summary>
        public NewsModel GetModel(int news_id)
        {
            StringBuilder strSql = new StringBuilder();
            strSql.Append("select  top 1 news_id,news_seotitle,news_keyword,news_describ,news_name,news_content,news_createtime,news_alertime,news_comefrom,news_seetime,news_isshow,news_recommand,news_type,news_image,news_isimage,news_sort from news ");
            strSql.Append(" where news_id=@news_id");
            SqlParameter[] parameters = {
                    new SqlParameter("@news_id", SqlDbType.Int,4)
                                         };
            parameters[0].Value = news_id;
            NewsModel model = new NewsModel();
            DataSet ds = DbHelperSQL.Query(strSql.ToString(), parameters);
            if (ds.Tables[0].Rows.Count > 0)
            {
                if (ds.Tables[0].Rows[0]["news_id"] != null && ds.Tables[0].Rows[0]["news_id"].ToString() != "")
                {
                    model.news_id = int.Parse(ds.Tables[0].Rows[0]["news_id"].ToString());
                }
                if (ds.Tables[0].Rows[0]["news_seotitle"] != null && ds.Tables[0].Rows[0]["news_seotitle"].ToString() != "")
                {
                    model.news_seotitle = ds.Tables[0].Rows[0]["news_seotitle"].ToString();
                }
                if (ds.Tables[0].Rows[0]["news_keyword"] != null && ds.Tables[0].Rows[0]["news_keyword"].ToString() != "")
                {
                    model.news_keyword = ds.Tables[0].Rows[0]["news_keyword"].ToString();
                }
                if (ds.Tables[0].Rows[0]["news_describ"] != null && ds.Tables[0].Rows[0]["news_describ"].ToString() != "")
                {
                    model.news_describ = ds.Tables[0].Rows[0]["news_describ"].ToString();
                }
                if (ds.Tables[0].Rows[0]["news_name"] != null && ds.Tables[0].Rows[0]["news_name"].ToString() != "")
                {
                    model.news_name = ds.Tables[0].Rows[0]["news_name"].ToString();
                }
                if (ds.Tables[0].Rows[0]["news_content"] != null && ds.Tables[0].Rows[0]["news_content"].ToString() != "")
                {
                    model.news_content = ds.Tables[0].Rows[0]["news_content"].ToString();
                }
```

```csharp
if (ds.Tables[0].Rows[0]["news_createtime"] != null && ds.Tables[0].Rows[0]["news_createtime"].ToString() != "")
{
    model.news_createtime = DateTime.Parse(ds.Tables[0].Rows[0]["news_createtime"].ToString());
}
if (ds.Tables[0].Rows[0]["news_alertime"] != null && ds.Tables[0].Rows[0]["news_alertime"].ToString() != "")
{
    model.news_alertime = DateTime.Parse(ds.Tables[0].Rows[0]["news_alertime"].ToString());
}
if (ds.Tables[0].Rows[0]["news_comefrom"] != null && ds.Tables[0].Rows[0]["news_comefrom"].ToString() != "")
{
    model.news_comefrom = ds.Tables[0].Rows[0]["news_comefrom"].ToString();
}
if (ds.Tables[0].Rows[0]["news_seetime"] != null && ds.Tables[0].Rows[0]["news_seetime"].ToString() != "")
{
    model.news_seetime = int.Parse(ds.Tables[0].Rows[0]["news_seetime"].ToString());
}
if (ds.Tables[0].Rows[0]["news_isshow"] != null && ds.Tables[0].Rows[0]["news_isshow"].ToString() != "")
{
    model.news_isshow = int.Parse(ds.Tables[0].Rows[0]["news_isshow"].ToString());
}
if (ds.Tables[0].Rows[0]["news_recommand"] != null && ds.Tables[0].Rows[0]["news_recommand"].ToString() != "")
{
    model.news_recommand = int.Parse(ds.Tables[0].Rows[0]["news_recommand"].ToString());
}
if (ds.Tables[0].Rows[0]["news_type"] != null && ds.Tables[0].Rows[0]["news_type"].ToString() != "")
{
    model.news_type = int.Parse(ds.Tables[0].Rows[0]["news_type"].ToString());
}
if (ds.Tables[0].Rows[0]["news_image"] != null && ds.Tables[0].Rows[0]["news_image"].ToString() != "")
{
    model.news_image = ds.Tables[0].Rows[0]["news_image"].ToString();
}
if (ds.Tables[0].Rows[0]["news_isimage"] != null && ds.Tables[0].Rows[0]["news_isimage"].ToString() != "")
{
    model.news_isimage = int.Parse(ds.Tables[0].Rows[0]["news_isimage"].ToString());
}
```

```
                if (ds.Tables[0].Rows[0]["news_sort"] != null && ds.Tables[0].Rows[0]["news_sort"].ToString() != "")
                {
                    model.news_sort = int.Parse(ds.Tables[0].Rows[0]["news_sort"].ToString());
                }
                return model;
            }
            else
            {
                return null;
            }
        }
```

【单元小结】

- 新闻类型网站设计开发的整个流程。
- 第三方分页控件的属性设置及代码编写。
- 第三方内容编辑控件的属性设置及代码编写。

单元 8
网站项目测试与发布

网站的测试和发布是网站开发的最后步骤。一个运行状况良好的网站，在交付给用户之前，必须针对兼容性、稳定性、健壮性和高并发性等指标进行大量的测试工作。在测试完成后，需要将网站部署在应用服务器上，使用户能够通过网络访问。

本单元通过 FireBug、WAS 等常用网站测试工具，介绍网站项目测试的一般步骤，并通过网站在 IIS 应用服务器上的部署，介绍如何发布网站项目。

【知识目标】
- 了解安全性测试的基本概念。
- 了解超链接测试的基本概念。
- 了解用户体验测试的基本概念。
- 了解分辨率兼容性测试的基本概念。
- 了解浏览器兼容性测试的基本概念。
- 了解加载速度测试的基本概念。
- 了解压力测试的基本概念。
- 了解网站发布的主要步骤。

【技能目标】
- 掌握浏览器兼容性测试的方法。
- 掌握加载速度测试的方法。
- 掌握压力测试的方法。
- 掌握网站的发布。
- 掌握网站的部署。

任务 8.1　网　站　测　试

【任务描述】

网站测试又称 Web 测试，是指当一个网站制作完成之后针对网站的各项性能情况的检测工作。与一般软件测试不同的是，除了测试程序的功能性、界面的可用性、输入输出的正确性等指标以外，还要求其满足在各个浏览器下的兼容性和大规模访问的健壮性等要求。

本任务中，将针对之前完成的网站分别进行浏览器兼容性测试、加载速度测试和压力测试，从而保证网站项目在不同浏览器中的显示效果一致，并保证良好的用户访问体验和网站健壮性。

【任务清单】

① 在不同版本的 IE 浏览器中进行浏览器兼容性测试。
② 使用 Firebug 进行加载速度测试。
③ 使用 WAS 对网站进行压力测试。

【任务准备】

知识点 1　安全性测试

网站系统正式发布后，面临的用户多而杂，其中不乏蓄意破坏的网络黑客，因此尤其要注意网站的安全性测试。网站安全性包括的范围很广，既涵盖了网络架构规划、计算机网络设备配置等领域，也包括了防 SQL 注入、目录设置、防暴力破解登录、数据库安全设置等内容。

安全性测试需要网站开发人员和网络管理人员共同进行规划和测试，需要丰富的网络安全经验和编程技巧。

知识点 2　超链接测试

超链接是网站系统的一个主要特征，它是在页面之间切换和导向的主要手段。超链接测试通常分为三个方面：一是测试所有链接是否按设计链接到了应当链接的页面；二是测试所链接的页面是否存在，防止"死链"的存在；三是保证网站上没有"孤岛页面"（"孤岛页面"是指没有任何超链接指向该页面，用户无法通过超链接访问该页面）。

超链接测试可以借助自动化测试工具来完成。常见的超链接测试工具有 SSW Link Auditor、Xenu 等，网页开发工具 Dreamweaver 中也含有超链接测试功能。

> 小提示：Dreamweaver 的超链接测试工具"检查站点范围的链接"在"站点"菜单中，或者使用快捷键 Ctrl+F8。

知识点 3　用户体验测试

用户体验是指整个网站系统的页面结构设计所带给用户的体验感觉情况。用户体验测试关注的就是用户访问网站的体验，例如用户浏览网站时是否感到舒适，是否易于找到需要的信息，整个网站的设计风格是否一致，操作是否便利等。

对用户体验的测试过程，其实是对最终用户进行调查的过程，通常需要有外部人员（与网站系统开发没有联系或联系很少的人员）的参与，最好是最终用户的参与。

知识点 4　分辨率兼容性测试

分辨率兼容性测试是为使页面版式在不同屏幕分辨率模式下能正常显示而进行的测试。目前市场上显示器的分辨率模式多种多样，用户使用什么模式的分辨率，对于网站开发者来讲是未知的。因此，必须针对市场主流的分辨率进行专门的测试，同时也要针对不常见的分辨率进行测试，以最大限度地保证绝大部分用户能够正常浏览网站。

知识点 5　浏览器兼容性测试

浏览器是访问网站系统所必需的客户端软件。来自不同厂商的浏览器，或者同一厂商不同版本的浏览器，对 W3C（The World Wide Web Consortium，万维网联盟）的国际网页标准支持程度均有差异，这就造成了相同的页面，在不同浏览器中的显示效果会不一样。尤其是微软公司的 IE 系列的浏览器，虽然占有巨大的市场份额，却与国际网页标准存在很大的兼容性差异，甚至不同版本间的 IE 浏览器也存在很大的兼容性差异，这就造成很多网站出现布局错位、版面错乱、脚本程序执行异常等种种兼容性问题。因此，对网站系统进行浏览器兼容性测试非常重要。

测试浏览器兼容性的一种方法是借助浏览器兼容性测试工具，对页面进行在不同浏览器下显示效果的对比测试。这项测试通常针对主流浏览器（如 IE 系列、Firefox、Google Chrome、Safari、Opera 等）进行。

测试浏览器兼容性的另一种方法是将发布后的网站页面提交到 W3C 的官方验证服务平台进行测试。验证服务平台会将提交的网页与国际标准进行对比，并反馈一份验证报告，告知页面有哪些部分不符合国际标准。

> 小提示：W3C 的 HTML 验证服务站点 http://validator.w3.org。
> W3C 的 CSS 验证服务站点 http://jigsaw.w3.org/css-validator。

知识点 6　加载速度测试

加载速度测试主要针对用户访问网站页面时，加载页面的速度情况进行测试。用户访问网站页面时，会将页面上的各种素材和数据下载到本地浏览器缓存中，下载完成后用户才能够浏览到完整的网页。如果页面中包含某些影响加载速度的内容，例如一幅很大的图片、一首自动播放的背景音乐或者一段执行效率较低的脚本程序，就会造成网站系统响应时间过长，已至用户因失去耐心而离开网站，造成访问量的损失。

另外，如果页面有超时的限制，响应速度太慢可能会造成数据丢失或者会话失效，造成用户无法正常使用，影响网站系统的功能完整性。

知识点 7　压力测试

压力测试主要关注网站系统的健壮性，例如网站能否在同一时间响应大量的用户，能否在用户传送大量数据时作出响应，能否保证长时间不间断运行。

网站系统的一个突出特点是具有较强的访问集中性，可能出现瞬间的访问高峰。例如，彩票网站在开奖时会访问量激增，购物网站在促销活动时会访问量突增，铁路售票网站在春运时段会访问量突增。这就需要网站开发人员通过压力测试充分了解网站的负载极限，以便当系统过载时，可以及时采取相应的措施进行处理。

网站系统的另一个特点是运行时间长。网站在运行期间，可能会有很多人处理不同的事务，如果网站突然停止运行，会给用户带来意想不到的损失。因此，一个运行稳定的网站，通常不能够随意停机，更要避免因为程序错误等原因出现宕机。开发人员需要通过压力测试，检验网站系统的长时间运行能力。

压力测试很难通过手工完成，需要借助自动测试工具来完成。例如，计划测试某网站在 1 万人同时访问 24h 的情况下运行的状况，可以想象真正组织 1 万个人 24h 不间断地访问网站几乎是不可能实现的，因此就必须使用自动测试工具来模拟访问。

> 小提示：很多网络黑客采用的 DDoS（Distributed Denial of Service，分布式拒绝服务）攻击方式和压力测试的原理类似，通过同时向网站发送大量的请求信息，造成网站的服务器或网络过载，从而使正常用户也无法访问该网站。

【任务实施】

1. 浏览器兼容性测试

对制作的计算机系网站项目进行浏览器兼容性测试，查看网站在不同浏览器中的实现效果是否一致。

浏览器兼容性测试通常借助测试工具软件进行。常用的浏览器兼容性测试工具有 Microsoft Expression Web SuperPreview、IETester、Browsera 等。本任务以 Microsoft Expression Web SuperPreview 为例，介绍浏览器兼容性测试的一般方法。

在微软官方网站下载并安装 Microsoft Expression Web SuperPreview 软件。

访问微软官方网站http://www.microsoft.com/zh-cn/download/details.aspx?id=2020，下载并安装 Microsoft Expression Web SuperPreview，如图 8-1 所示。

单元 8　网站项目测试与发布　151

图 8-1　下载 Microsoft Expression Web SuperPreview

安装完成后，启动 SuperPreview 软件，界面如图 8-2 所示。

图 8-2　SuperPreview 软件界面

> 小提示：Microsoft Expression Web SuperPreview 是一款免费的独立应用程序，试用期为 60 天，目前支持 Chrome、Safari for Mac、Firefox 和 Internet Explorer 等浏览器。
>
> SuperPreview 对 IE 浏览器提供向上兼容。例如，客户端安装的是 IE 8 版本的浏览器，那么在 SuperPreview 中，就会提供 IE 6、IE 7 和 IE 8 的浏览器支持，而无需重复安装各个版本浏览器。

在主界面中，选择要测试对比的两款不同浏览器，如图 8-3 所示。

图 8-3　选择要对比的浏览器

本例选择 IE 6 和 IE 8 浏览器进行对比。在主界面的左右两栏，分别单击 "Internet Explorer 6" 和 "Internet Explorer 8" 按钮，选择完成后的界面如图 8-4 所示。

图 8-4　选择完成

在地址栏中，输入网站项目的地址，如图 8-5 所示。

网址输入完成后按 Enter 键，主界面中即可显示网站在 IE 6（左）和 IE 8（右）中的浏览效果，如图 8-6 所示。

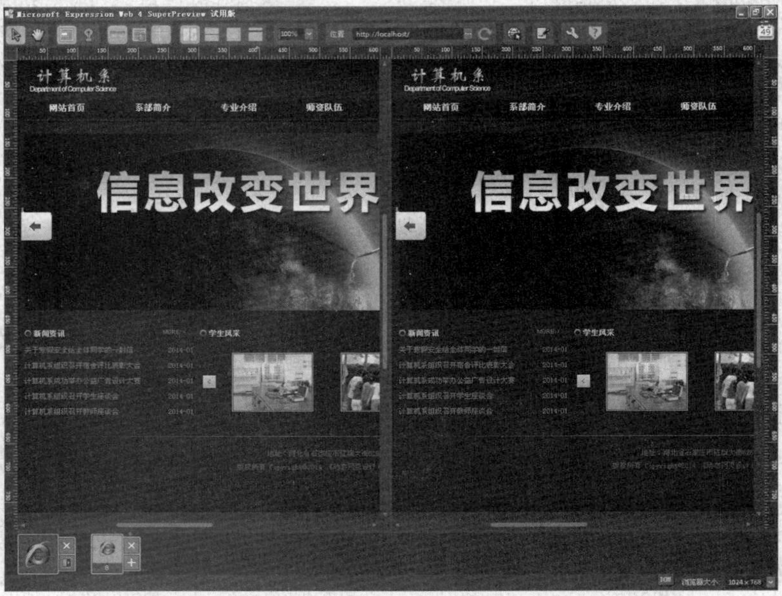

图 8-5　输入网站地址

图 8-6　同一网站在不同浏览器中的显示效果对比

在布局工具栏中，单击"覆盖布局"按钮，如图 8-7 所示，可以将两个浏览器的显示界面重叠起来，如图 8-8 所示，这样就可以一目了然地观察到页面的布局错位情况。

图 8-7 "覆盖布局"按钮

图 8-8 覆盖布局

切换到覆盖布局后可以观察到，页面上局部出现了重影的现象，如图 8-9 所示。这就说明，该页面在 IE 6 和 IE 8 中出现了不兼容的问题。

图 8-9 浏览器不兼容造成的重影现象

小提示：并非所有的不兼容问题都需要改正。如果是上例这样很细小的不兼容问题，一般可以忽略。如果出现了页面布局错乱等严重的浏览器兼容性问题，就需要对页面进行重新设计和编码，以消除错乱。

2. 加载速度测试

加载速度测试直接关系到最终用户体验，是网站测试中必不可少的一项测试环节。目前常用的加载速度测试工具是 Firefox 浏览器的开发组件 Firebug。

本任务使用 Firefox 浏览器的 Firebug 组件对计算机系网站进行加载速度测试，查看影响页面加载速度的原因。

打开 Firefox 浏览器，安装 Firebug 组件。在 Firefox 浏览器中，选择"工具"→"附加组件"菜单命令，如图 8-10 所示。

在组件搜索框中，输入"Firebug"，按 Enter 键搜索，如图 8-11 所示。

图 8-10　Firefox 浏览器附加组件

图 8-11　搜索 Firebug 插件

搜索到 Firebug 组件后，单击"安装"按钮，将组件安装到 Firefox 浏览器中，如图 8-12 所示。

图 8-12　安装 Firebug 组件

安装完成后，启动 Firebug 组件。在 Firefox 浏览器中，选择"工具"→"Web 开发者"→"Firebug"→"打开 Firebug"菜单命令，如图 8-13 所示，或者使用 Firebug 的默认快捷键 F12，启动 Firebug 组件。

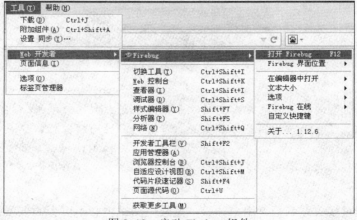

图 8-13　启动 Firebug 组件

启动 Firebug 后，在浏览器的底部会出现 Firebug 的控制台界面。切换至"网络"选项卡，如图 8-14 所示。

图 8-14　Firebug 的"网络"选项卡

在浏览器地址栏中输入要测试的网站地址，Firebug 会测算出页面每个元素加载的时间消耗，如图 8-15 所示。

图 8-15　Firebug 测试界面

在测试结果界面中（如图 8-16 所示），可以看到有些页面元素的加载时间明显高于其他元素。如果页面中某些元素的加载时间过长，就会严重拖累整体页面的加载速度，影响用户的使用体验。

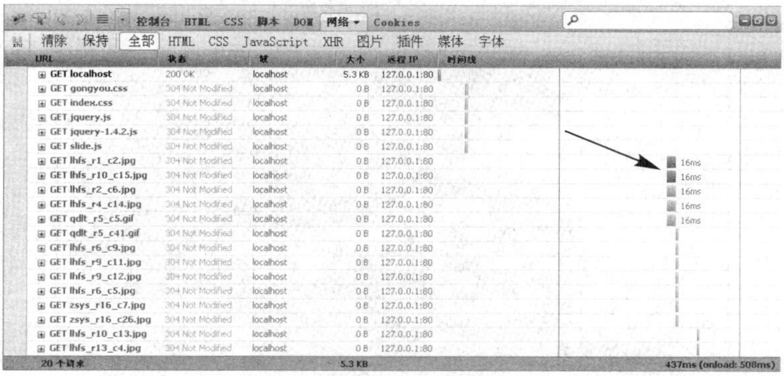

图 8-16　加载速度测试结果

常见的影响加载速度的原因包括页面多媒体元素（图像、音频、视频和动画等）过多或过大、JS 脚本文件冗余、JS 脚本程序执行效率低、服务器配置不合理等。针对加载速度测试的结果，可以有目的性地优化页面，提高加载速度。

> 小提示：提高页面加载速度，要注意尽量不要使用太多的多媒体素材，图片要尽量压缩，尽量不使用自动播放的背景音乐等。另外，还要注意减少页面元素的请求数量，页面中不嵌入过多的 CSS 和 JS 文件，不要加载不存在的元素。这些措施都可以有效地降低页面的响应时间。

3. 压力测试

压力测试是网站测试的一项重要内容，通过压力测试，可以检测网站系统在特定负载下的运行状态，也可以预估网站的负载极限值，为应对访问高峰提前做好相应的准备。

由于压力测试需要模拟大量长时间的访问事件，因此几乎不可能采用手工方式进行，需要借助自动测试软件来完成。目前，压力测试软件有很多，如 Web Application Stress Tool（WAS）、Web Capacity Analysis Tool（WCAT）、Web Polygraph 等。其中，WAS 由微软公司开发，提供了友好的图形界面，便于操作，且允许免费使用。

本任务使用 WAS 对计算机系网站进行压力测试。模拟在 1min 内 100 人同时访问网站首页时，网站的运行状态和技术参数情况。

启动 WAS 软件，在创建提示对话框中单击"Manual"按钮，手动设置压力测试，如图 8-17 所示。

在"New Script"选项卡中设置压力测试的目标网站。在"Server"文本框中输入要测试的目标网站服务器地址，本例使用的服务器地址为"192.168.1.101"，如图 8-18 所示。

图 8-17 WAS 创建提示对话框

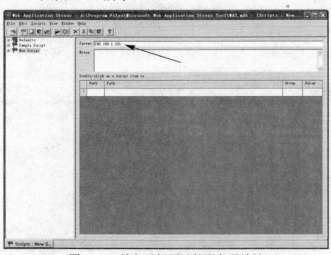

图 8-18 输入目标网站的服务器地址

小提示：不要将 WAS 和网站系统安装在同一台计算机上。因为压力测试需要消耗大量的系统资源，如果 WAS 和网站系统在同一台计算机上，会造成测试结果的不准确。

在"Verb"列表中选择请求方式，本例选择"GET"方式，如图 8-19 所示。

在"Path"文本框中输入"/"，表示要模拟的是访问网站默认首页；在"Group"列表中选择"default"选项，表示使用默认分组；在"Delay"文本框中输入"0"，表示无延迟时间。目标网站设置完成后的效果如图 8-20 所示。

图 8-19　选择请求方式

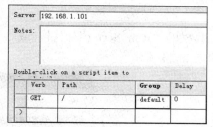

图 8-20　目标网站设置

在页面左侧窗格中，选择"Settings"选项，设置压力测试参数，如图 8-21 所示。

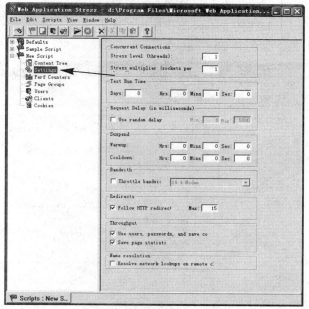

图 8-21　设置压力测试参数

压力测试最关注的两个指标是"并发连接数"和"测试时间"。

设置并发连接数，需要在"Concurrent Connections"中设置"Stress level (threads)"和"Stress multiplier(sockets perthread)"两个数值。其中，"Stress level (threads)"是客户端产生的线程数量，"Stress multiplier(sockets perthread)"是每个线程可产生的 Socket 请求数量。

并发访问的总数量 = Stress level × Stress multiplier。

本例要模拟的是 100 人同时访问网站，因此，可以将 Stress level 设为 10，Stress multiplier 设为 10，如图 8-22 所示。

设置测试时间是在"Test Run Time"中设置压力测试的持续时间。设置时间时要注意持续时间不要太短，否则 WAS 可能来不及产生足够多的请求数量。本例将测试时间设置为 1min，如图 8-23 所示。其他选项采用默认值即可。

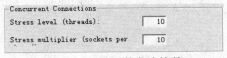
图 8-22　设置并发连接数

图 8-23　设置测试时间

单击工具栏的"Run Script"按钮，或者选择"Scripts"→"Run"菜单命令，开始测试。测试过程如图 8-24 所示。

图 8-24　测试过程

查看测试报告：单击工具栏的"Reports"按钮，或者选择"View"→"Reports"菜单命令，打开本次测试的测试报告，如图 8-25 所示。

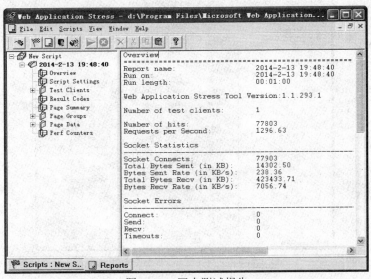
图 8-25　压力测试报告

在测试报告中，最重要的指标是"Socket Errors"和"Result Codes"。

"Socket Errors"是连接错误指标，包含 Connect、Send、Recv、Timeouts 这 4 个具体指标。其中，Connect 表示客户端与网站服务器不能连接的次数；Send 表示客户端不能正确发送数据到网站服务器的次数；Recv 表示客户端不能正确从网站服务器接收数据的次数；Timeouts 表示连接超时的次数。这 4 个指标的数值是越小越好。本例中，这 4 个数值均为 0，说明连接状况非常正常，如图 8-26 所示。

"Result Codes"是结果状态代码指标。客户端向服务器的每次请求，服务器都会返回一个状态代码，例如 200 代表请求成功，404 代表请求的资源不存在等。通过查看结果状态代码指标，可以大致了解到请求失败的原因，以便排查错误。本例中，所有请求的结果状态代码均为 200，说明所有的请求都获得了网站服务器的正确响应，如图 8-27 所示。

图 8-26　Socket Errors 指标　　　　　图 8-27　Result Codes 指标

小提示：WAS 还可以作为性能测试工具，通过测试报告中的"Socket Statistics""Page Summary"等指标，分析网站的运行效率，为系统调优提供数据依据。

任务 8.2　网　站　发　布

【任务描述】

任务 8.1 只是完成了网站项目在开发者本机上的开发和测试。如果要将网站项目交付给客户，让 Internet 上的用户访问，还需要将网站发布到服务器上。

本任务中，将网站项目发布到 IIS 服务器上，并设置相应的权限以保证网站项目的安全性。

【任务清单】

① 在 VS 2010 中发布网站。
② 在 IIS 中部署网站项目。

【任务准备】

知识点 1　发布网站的前提条件

发布网站的主要目的是让 Internet 上的访问者能够访问网站。要实现这个目的，就需要先满足两个条件。

首先，运行网站的服务器主机要有固定的 IP 地址。Internet 上的每一台主机都有一个唯一的地址，就是 IP 地址。访问者通过 IP 地址来区分不同的主机，从而访问自己想要的资源。如果没有 IP 地址，或者 IP 地址不固定，那么访问者就无法找到主机，也无法访问主机上的任何资源。

其次，要有相应的 Web 服务器软件来支撑网站的运行。Web 服务器软件是网站运行的平台和容器，网站的一切资源都要置于 Web 服务器软件之中才能够被访问和解析。不同语言的动态网页所对应的 Web 服务器软件也不同。例如，JSP 的 Web 服务器软件是 Tomcat，PHP 的 Web

服务器软件是 Apache，ASP.NET 的 Web 服务器软件是 IIS。

满足了以上两个条件后，就可以保证发布的网站能够被 Internet 上的用户访问了。

知识点 2　发布网站的主要步骤

发布网站的主要步骤如下：

① 生成网站。ASP.NET 动态网站在制作过程中，都是以源代码形式存储的。在发布网站之前，要将源代码编译成 DLL 和 ASPX 格式。编译之后的网站，运行速度更快，而且安全性更高。

② 将网站发布到指定的磁盘路径下。网站实际运行的路径，通常不要设置在服务器操作系统的系统盘上，否则会影响服务器的运行效率。另外，如果网站中积累的资源（如用户上传的文件附件等）越来越多，会占用大量的磁盘空间。因此，在选择网站发布路径时，要考虑以上因素。

③ 在 IIS 服务器中设置虚拟目录，载入网站。虚拟目录是服务器软件用来区分不同网站项目的一种组织形式。通过虚拟目录，可以实现同一服务器中同时运行多个网站。

④ 进行服务器权限设置。为了保证网站运行的安全，防止恶意用户篡改网站内容，需要对服务器进行权限设置。

【任务实施】

1. 在开发环境中发布网站

在 Visual Studio 2010 中打开网站项目，并在右侧"解决方案资源管理器"的项目名称上右击，在弹出的快捷菜单中选择"发布网站"命令，如图 8-28 所示。

图 8-28　选择"发布网站"命令

在打开的"发布网站"对话框中，输入网站的目标位置，如图 8-29 所示。本例中的发布目标路径为"D:\website"。

图 8-29　设置发布路径

在控制台输出窗口中，会显示网站发布的成功信息，如图 8-30 所示。

图 8-30 控制台输出信息

2. 修改 web.config 文件

网站项目发布成功之后，需要首先修改数据库连接信息。在发布后的路径下（本例是"D:\website"），编辑 web.config 文件，如图 8-31 所示。

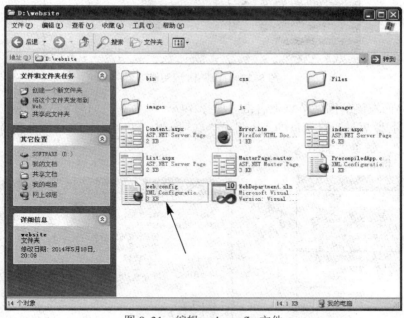

图 8-31 编辑 web.config 文件

web.config 文件是一个 XML 格式的配置文件，负责对网站项目进行整体配置。在<appSettings>节点的<add key="connectionString" value="server=127.0.0.1;uid=sa;pwd=8213u;database=website"/>标签中，设置数据库连接信息。

```
<appSettings>
<add key="connectionString" value="server=127.0.0.1;uid=sa;pwd=8213u;database=website"/>
<add key="FCKeditor:BasePath" value="~/manager/fckeditor/"/>
```

```
<add key="FCKeditor:UserFilesPath" value="~/Files/"/>
</appSettings>
```

其中，server 为数据库的 URL 地址，本例为"127.0.0.1"；uid 为数据库用户名，本例为"sa"；pwd 为数据库登录密码，本例为"8213u"；database 为要连接的数据库名称，本例为"website"。根据网站项目的实际需要修改这些值即可。

3. 在 IIS 中部署网站

在 Windows 管理工具中，双击"Internet 信息服务"图标，打开 IIS 应用服务器，如图 8-32 所示。

图 8-32 打开 IIS 应用服务器

在 IIS 主界面左侧的网站节点上右击，选择"属性"命令，如图 8-33 所示。

在"默认网站 属性"对话框的"主目录"选项卡中，将"本地路径"设置为网站发布的路径"D:\website"，如图 8-34 所示。

图 8-33 选择"属性"命令

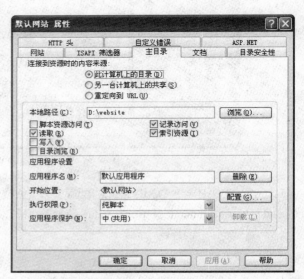

图 8-34 设置站点主目录

在"文档"选项卡中单击"添加"按钮，在弹出的"添加默认文档"对话框的"默认文档名"文本框中"index.aspx"，将该页面作为网站的默认主页，如图 8-35 所示。

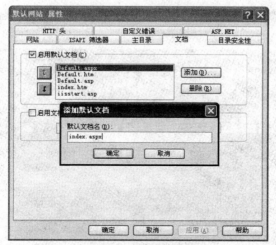

图 8-35　添加默认主页

在"ASP.NET"选项卡的"ASP.NET 版本"下拉列表中，选择合适的.NET 框架版本，如图 8-36 所示。

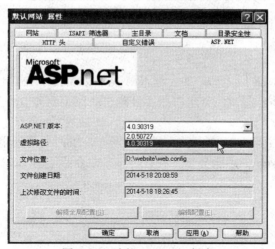

图 8-36　选择 ASP.NET 版本

在 IIS 网站节点上单击鼠标右键，启动 IIS 服务器，如图 8-37 所示。

图 8-37　启动 IIS 服务器

在浏览器地址栏中输入 URL 地址 http://127.0.0.1，确认后即可访问网站项目主页，如图 8-38 所示。

图 8-38　访问配置好的网站项目主页

【单元小结】

- 网站项目经过编码阶段之后，就会进入测试阶段。对于网站项目，通常会进行安全性测试、超链接测试、用户体验测试、分辨率兼容性测试、浏览器兼容性测试、加载速度测试和压力测试等测试项目。
- 在测试完成并将主要缺陷修正后，就进入发布阶段。对于使用 ASP.NET 技术开发的网站，通常使用 IIS 作为 Web 应用服务器。在任务 8.2 中介绍了将 ASP.NET 网站项目部署在 IIS 中的方法。

参 考 文 献

[1] 翁健红. 基于C#的ASP.NET程序设计. 2版[M]. 北京：机械工业出版社，2013.
[2] 《全国高等职业教育计算机系列规划教材》丛书编委会. ASP.NET程序设计情境式教程[M]. 北京：电子工业出版社，2013.
[3] 孟宗洁，蔡杰. ASP.NET程序设计项目式教程（C#版）[M]. 北京：电子工业出版社，2012.
[4] 明日科技. asp.net从入门到精通[M]. 北京：清华大学出版社，2012.
[5] 张昌龙，辛永平. ASP.NET 4.0从入门到精通[M]. 北京：机械工业出版社，2011.
[6] 龚赤兵. ASP.NET 2.0网站开发案例教程[M]. 北京：中国水利水电出版社，2009.

郑重声明

高等教育出版社依法对本书享有专有出版权。任何未经许可的复制、销售行为均违反《中华人民共和国著作权法》，其行为人将承担相应的民事责任和行政责任；构成犯罪的，将被依法追究刑事责任。为了维护市场秩序，保护读者的合法权益，避免读者误用盗版书造成不良后果，我社将配合行政执法部门和司法机关对违法犯罪的单位和个人进行严厉打击。社会各界人士如发现上述侵权行为，希望及时举报，本社将奖励举报有功人员。

反盗版举报电话　（010）58581897　58582371　58581879
反盗版举报传真　（010）82086060
反盗版举报邮箱　dd@hep.com.cn
通信地址　北京市西城区德外大街4号　高等教育出版社法务部
邮政编码　100120